国家自然科学基金
“九五”重点资助项目

绿色住区

综合评价方法与设计准则

刘启波　周若祁　著

中国建筑工业出版社

图书在版编目（CIP）数据

绿色住区综合评价方法与设计准则/刘启波，周若祁著．—北京：中国建筑工业出版社，2006
ISBN 978-7-112-08776-1

Ⅰ．绿…　Ⅱ．①刘…②周…　Ⅲ．住宅-建筑设计-无污染技术　Ⅳ．TU241

中国版本图书馆 CIP 数据核字（2006）第 111406 号

本书附配套软件，下载地址如下：
www.cabp.com.cn/td/cabp15440.rar

国家自然科学基金“九五”重点资助项目
绿色住区综合评价方法与设计准则
刘启波　周若祁　著
*
中国建筑工业出版社出版、发行（北京西郊百万庄）
新　华　书　店　经　销
霸州市顺浩图文科技发展有限公司制版
世界知识印刷厂印刷
*
开本：787×1092 毫米　1/16　印张：10½　字数：252 千字
2006 年 11 月第一版　　2007 年 5 月第二次印刷
印数：3001—4500 册　　定价：20.00 元（附网络下载）
ISBN 978-7-112-08776-1
（15440）

本社网址：http://www.cabp.com.cn
网上书店：http://www.china-building.com.cn

本书是在国家自然科学基金委员会“九五”重点资助项目“绿色建筑体系与基本聚居单位模式研究”的研究报告“绿色住区综合评价的研究”的基础上，为适应更多读者的需求，经过进一步加工撰写而成。

本书给出的是一套通用的绿色住区综合评价方法和评价指标体系结构，在此基础上可以根据各国或各地区的实际情况，通过对评价指标体系各相应指标的权重值体系作出相应调整，而体现地方灵活性和可操作性。另外，本书使用的综合评价算法及计算机程序具有普遍推广的适用性，亦可用于其他相关学科的综合评价。

本书可作为建筑学、城市规划等专业研究生、本科生的教材，也可作为政府决策部门、房地产开发企业、设计院所进行生态城市、生态住宅小区等的方案优化设计的主要参考书。

* * *

责任编辑：徐　纺
责任设计：赵明霞
责任校对：张景秋　王金珠

目　录

绪 论
现代建筑设计方法与评价

（一）

在古代，人们对建筑的认识一直停留在笼统直观的阶段，当时的工匠们虽缺乏足够的能力和手段对房屋进行解剖和深入的分析，但其所掌握的建筑知识却是以综合为一大特点的。而经过文艺复兴时期，建筑学、力学、物理学……逐步从建筑知识的混沌体中分化出来并宣告独立，以后很长时期，建筑设计中各专业之间不断分化的趋势一直处于主导地位。进入20世纪后，科学发展的新特点则是在高度分化的基础上达到更高的综合，现代建筑学的许多主要方面，也往往要求设计人员从各个角度同时进行研究，把分化了的各专业知识重新融合成网状的统一体。现代的建筑设计思想流变充分体现了“综合—分化—综合”的特征。20世纪后期，“人居环境”概念的提出，更打破了专业割据，将建筑学发展纳入综合研究的轨道。

建筑师要引导人居环境领域的整体创新，充分发挥自己的创造性优势，就必须自觉地向全能角色回归，发展新的综合。正如《北京宪章》所指出，“强调综合，并在综合的前提下予以新的创造，是建筑学的核心观念”。新世纪建筑学的发展，除了继续深入各专业的分析研究外，有必要重新认识综合的价值，从局部走向整体，并在此基础上进行新的创造。

当今，人们日益增长的精神和物质需求，日趋复杂的建筑功能，正迫使建筑学向严密的科学方向进化。建筑设计不再是与周围环境和社会无关的个体，而是融汇于整个城市的动态系统之中的一个系统工作过程。新学科、新技术的发展以及人们对环境的高度敏感性，使古老的建筑学变成多学科相互渗透的领域。由于计算机非凡的信息处理功能，使得诸如建筑评价、设计语汇、建筑环境资源学、建筑经济学、环境心理学、环境气候学等一系列长期停留在理论探讨阶段而难于深入的学科得到实施的可能。建筑学不能固步自封、墨守成规，而应大范围拓展传统的学科视野、开拓新的学术阵地，主动将相关领域的成就融入建筑学自身的发展中去。建筑师在信息技术和人工智能技术的辅助下，已经可以摆脱繁琐的计算和技术应用的隔膜，更多地从大方向上把握人居环境的发展，并引导整体化的知识创新，从而保持建筑学科的前瞻性及其在人居环境建设中的主导性。

长期以来，建筑设计和理论研究多停留在意识形态和感性的描述上。虽自20世纪中叶前后，建筑学理论流派竞相出台，建筑理论新概念不断涌现，然而建筑设计方法的研究却相对滞后。这种现象直到20世纪70年代以后，随着电子技术为中心的现代工业变革以前所未有的速度飞跃发展，才出现了转机。系统论、信息论、控制论、计算机辅助设计

(CAD) 等现代理论和技术的应用为现代建筑设计方法论提供了科学的准备。它一方面依然强调建筑师创作思想的体现，强调建筑的社会性、文化性、地域性和精神性等主观感性的因素；另一方面又可应用计算机，在现代科学技术理论的指导下，对感性的、经验的建筑创作思想进行整理、归纳和反馈修正，大大提高科学性。这也是新时代建筑创作和建筑理论以及技术方面的必然要求。现代设计方法论揭示了设计的本质与过程的特征、规律，使人类的设计活动产生了质的飞跃。经验的、感性的、静止的和手工作坊式的传统设计跃升为科学的、理性的、动态的以及计算机化的现代系统的设计方法。

建筑设计涉及建筑物的使用功能、技术经济、艺术形式、价值观念等一系列问题，因此它是一门较典型的跨越社会科学和自然科学的综合性学科；建筑设计人员不仅靠本身的修养、素质、学识经验及技巧手法，来完成一项项具体的工程设计，更需要用系统设计法去指导设计全过程，善于把握和处理众多设计控制因素之间的关系，并通过循环分析比较、反馈、评价、综合等环节，使整个设计过程逻辑化、描述语言规范化，最终达到设计最优化，从而提高设计的整体质量。

在 20 世纪末期，吴良镛院士曾大力提倡要将“人居环境”作为一个复杂巨系统来进行研究、求解，为此，系统设计法就为我们提供了一个有力的工具。在这里，建筑师可以立足整体、统筹全局，对建设项目进行系统分析，摆脱那种疲于奔命、顾此失彼、穷于应付的窘境，把握工程设计的方向，对项目的社会、经济和环境的相关因素进行科学的研究，对建筑设计的各种内部和外部条件进行定量的分析和逻辑的推理，再通过科学的综合评价，使得建筑师在此基础上完成的设计具有较高的社会效益、环境效益和经济效益，真正成为建筑创作的主宰。

建设绿色人居环境已是历史发展的必然趋势。所以，有必要在新的伦理、价值观和生态化发展模式理念指导下，对当前城乡规划与建筑设计理论进行根本性变革，系统地研究绿色人居环境理论及其规划与设计的方法、手段、技术等一系列问题。可以毫不夸张地说，在绿色人居环境建设理念下，建筑与自然和谐共生必将成为建筑师追求的最高境界，而绿色建筑的构建思想与实施手段则完全基于现代设计方法。

(二)

绿色住区作为绿色建筑体系的重要组成部分，是以生态系统的良性循环为基本原则，以可持续发展为目标而建构的生活环境。绿色住区追求自然资源与文化资源的和谐，运用生态系统的生物共生和物质多级传递、循环再生原理，根据地域环境和资源（自然与人文）状况，强调优化整合住区的功能结构，在满足生活需求的同时，住区系统在使用中能够自我组织、自我调整、自我维持，具有高效和谐、自养自净、无废无污、节能节地、文脉延续等特性，实现生态、经济和社会三方面效益的综合平衡。绿色住区实质上是一个人与自然互惠共生的复合生态系统，其设计目标涉及经济、社会、生态环境诸领域，且相互联系、相互制约。这就决定了针对系统进行的分析、设计等工作具有整体性、综合性和多学科交叉的特点，而且在各方面有其具体的目标和各不相同的要求，这些要求有时甚至是互相矛盾的。为此从系统总体上对其各项指标进行评价（在系统设计法中称为综合评价）是必不可少的，它是方案选优与决策的基础，此即为绿色住区综合评价的基本概念。

当前，“绿色住区”的设计、建设与深入研究已迫切地提到议事日程上来，成为国民经济主战场的重要实际课题，具有广阔的发展前景。与绿色建筑实践相比，绿色建筑评价则只有十几年的历史。在国内，有关建筑设计和城市规划领域的综合评价工作一直较迟滞，而绿色建筑及绿色住区研究作为新生事物，更缺乏可操作性及系统性较强的综合评价指标体系及评价手段，因此，在现代设计方法的指导下，建立符合我国国情的绿色住区综合评价指标体系和研究先进的综合评价手段就尤为紧要。

（三）

本书的研究目的就是期望为建立符合中国国情的绿色住区综合评价指标体系与确定科学的评价方法提供理论基础，并可用于生产实践中，直接为人居环境建设和发展服务。

作者于 1997～2001 年期间承担了国家自然科学基金委员会“九五”重点资助项目“黄土高原绿色建筑体系与基本聚居单位模式研究”的研究，其中的子项目“绿色住区综合评价的研究”课题的研究工作就是本书的研究基础，在此期间，项目课题组众多同仁共同进行了大量的调研与讨论，对本子项目的研究内容也同样取得了共识。近三年，作者又对上述研究做了进一步深化与改进，增加了综合评价指标体系的基本指标，补充了环境保护的投入与产出、生态环境保护监管、基础设施完善度等多项指标。在本书撰写过程中，又广泛征求了包括原课题组同仁在内的许多专家、学者以及众多有关专业人士的意见，在取得共识后做了进一步的充实和完善。

在撰写本书的过程中，作者还陆续补充最新的信息或数据，如我国 2003 年上半年 SARS（非典型肺炎）病毒袭击事件、2003 年 8～9 月在美国、加拿大东部、英国伦敦以及意大利全国分别发生的大面积停电事件等对绿色住区建设所带来的启示，国内外生态建设的最新动态、新兴的绿色技术、有关环保的新统计数据等，以保证本书内容论述的科学性、先进性与可操作性。

（1）本书旨在以生态化发展模式和可持续发展的环境理念为指导，结合绿色人居环境的特点与其系统化、自然化、经济化、人性化的建设方向，注重生态环境、社会人文与经济效应的协调，构建较全面的、具有可操作性的绿色住区综合评价指标体系。对绿色住区建设的各项指标从多学科的角度进行诠释和确定更具体、详细的评价标准，可使建筑师、业主和官员等能够更加明确评价项目的依据、自己努力的方向以及可以采用的改进措施等。

（2）在综合评价的手段方面，以系统设计法为工具，充分应用软、硬科学相结合、定性与定量相结合的研究方法，引入先进的数学方法和计算机程序，这种具有严密性、科学性的综合评价将成为绿色住区系统在系统分析阶段获得方案“非劣解集”与系统设计阶段最终选择出最优方案的依据，亦可用于评价已建成的绿色住区。

引进先进的综合评价数学模型，开发研制成软件后，可输入有关数据方便地在计算机上解算，使定量计算更为精确，评价结果更为直观可靠。

（3）另外，本书给出的是一套通用的绿色住区综合评价方法和评价指标体系结构，在此基础上，可以根据各国或各地区的实际情况，通过对评价指标体系各相应指标的权重值体系做出相应调整，而体现地方灵活性和可操作性。

1 建筑领域中的综合评价

1.1 综合评价的基本概念

通常，我们对任一事物（系统）进行评价时，均需要根据系统的明确目标来测定对象的属性，判断其能够在多大程度上满足我们的希望和要求，这一过程不仅有对事物性质性能的判断，也有对事物整体的价值的判断。由于系统的目标往往包含多个方面，各有不同的要求，这些要求有时甚至是互相矛盾的，这就决定了对系统的评价工作带有综合性的特点，既要从不同方面对系统进行专项评价，更要从总体上对其各项目标值进行综合的评价。简而言之，综合评价就是对客观事物从不同侧面进行评价所得的数据进行综合后做出总的评价，它涉及到对象构成的不同方面以及各方面的不同层次，小到部品、大到社会经济发展和环境等。综合评价涉及的领域既包含横向的自然、社会、经济等领域中的同类事物，也包含同一事物在不同时期的表现。

在建筑领域中，过去相当长的时期内，建筑评价和规划设计的评价，常常是根据评审人员的专业经验和主观认识，对他们熟悉的有限目标来确定评价的“指标”并进行打分，然后从主要的“指标”考虑出发，通过“得分”做出评比，“次要”指标则只要基本“合格”就可以了。这种做法虽有“综合评价”的思维，但尚停留在定性化的阶段。这种评价指标体系是建立在选取主要的成分或因子的基础上，依靠评价人员的洞察能力和分析能力、借助于经验和逻辑推断能力来进行评价。其优点是可以充分发挥人的智慧和经验的作用，可以避免和减少因统计数据不全或不精确而产生的片面性和局限性；缺点是评价中的随机因素影响较多，评价结果往往受评价者主观意识的影响和经验、知识的局限，容易带有个人偏见和片面性。

现代的系统综合评价强调科学的定量化评价，主要以统计数据作为评价信息，按照评价指标体系建立评价数学模型，用数学手段和计算机求得评价结果，并以数量表示出来。其优点是完全以客观定量数据为依据，评价标准客观、全面，计算方法科学评价，消除了许多不确定因素、个人主观意识和经验的片面性，有较强的科学性和可靠性。

近20年来，综合评价的发展迅速，从最初比较简单的侧重实物指标发展到价值指标，逐渐建立了指标体系评价，进而又发展到多指标综合评价方法。在综合评价中，同一事物可以用不同的指标对事物发展的多个方面分别予以评价；而在不同事物间比较时，因各个指标的同时使用经常会发生不同指标之间相互矛盾的情况，难以对被评价事物做时间和空间上的整体对比。现在广泛使用的多指标综合评价方法，主要特点就是能把反映被评价事物的多个指标的信息综合起来，得到一个综合指标，由此来反映被评价事物的整体情况，并进行横向和纵向的比较，这样既有全面性，又有综合性。

系统综合评价是运用系统设计法过程中的一个复杂而又重要的工作环节，它是方案选优与决策的基础。系统综合评价的重要原则就是要保证评价资料的全面性和可靠性，评价的指标体系包括了系统所涉及的各个方面，以保证评价的全面性和客观性。

对于建筑而言，其内容涉及社会、经济、艺术诸多因素，有些评价内容很难用确切的数量来表示，同时也不能解决评价人员可能背离标准打分的问题。因此，对于建筑这一类复杂系统问题，应采用定性和定量相结合的方法，即在可测度数据比较充足的情况下，以定量评价为主，辅以定性评价；在可测度数据比较缺乏的情况下，以定性评价为主，辅以定量评价。但是，无论哪一种选择都要通过某种途径对定性指标进行量化，最后用数学手段和计算机进行计算。根据不同对象发挥两种方法的优势，取长补短，综合运用，使评价结果更加准确，这已成为国内外从事综合评价人员的共识。

当今世界，科学技术、社会的物质文明与精神文明都达到了一个新的历史高度，人·建筑·环境三位一体的系统观已逐渐取得了社会的共识。我们的设计意识就是要以环境为主轴，通过建筑来促进人的健康、精神和生态的平衡，这就要求设计者在设计每一个项目时，都必须关注与了解可持续发展相关的一些问题，诸如基地（自然环境问题）、能源、效率、室内空气质量及如何采用清洁无害的材料、尽量减少废物的问题。这就意味着建筑设计要超越单一建筑建造的范围，走向设计整个环境，寻求获得最大的使用价值和对环境的最小的影响，建设可持续发展的绿色人居环境。今天，我们面对的是一种综合的、多因素、多层次的“社会—经济—自然”复杂系统，其设计目标涉及经济、社会、生态环境诸领域，故我们的设计观念和设计方法都需要作彻底的改变。建筑领域中的综合评价问题，亦即“系统综合评价”就被提到重要议事日程上，日益受到建筑界的高度重视。

1.2 建筑领域中综合评价发展的回顾

近几十年来，随着渗透到各领域的现代设计方法的发展，国内外在综合评价方法方面做了大量的研究和探索。虽然其他学科在综合评价的研究与应用方面取得了较大进展，但建筑界的反应要迟缓得多，在绿色建筑综合评价被提到议事日程之前，有关的综合评价的研究和论述也较少，国内的研究则更少，公开发表的文献可谓凤毛麟角。

尽管如此，20 世纪 80 年代，仍然有不少有志于现代设计方法的学者做了难得的开拓性的研究工作。其实，早在 1979 年，王宏经和张钦楠等专家就率先成立了“中国基本建设优化研究会”，致力于推动现代计划科学和设计方法的研究和运用，组织了基本建设领域各方面的专家开展了大量的优化设计、管理与综合评价的研究工作，并出版了学术刊物《基建优化》。1984 年，戚昌滋等专家又发起成立了“中国现代设计法研究会”，大力推动现代设计方法的应用和研究，出版了系列丛书，取得了不少成果。但是在建筑学领域，专业人士的相关研究较少，主要是一些计算机应用和应用数学方面的专家主动投入，从国内公开发表的文献上看，同济大学詹可生教授等于 1985 年 6 月在《新建筑》杂志 1985 (2) 上发表了论文“借助微机评价住宅区设计的研究”，文中首次叙述了住宅区设计的综合评价指标和评价方法等内容。该文指出：“必须根据新的建筑价值观，对凭经验思辨与模糊判断的传统评价方法进行改造，使之适应计量的综合评价要求，也就是要研制一种建立在设计经验科学化基础上的、能借助微机作定量分析的新型评价方法。”在当时的条件下，作者使用的一种综合评价方法，即强调了定性与定量相结合的评价思想，作者指出：“考虑到设计方案结构分析与数学描述、心理因素计数方面的困难以及目前经验型评价人员的习惯性等原因，”因此“必须采用按模糊方法权衡与相对方法比较而制定的软指标，将它和直接计数的硬指标结合组成综合评价指标体系，才能对住宅区设计方案进行计算、识别与评定。”作者还指出：“从现有基础研究水平与设计现状条件出发，综合评价指标体系中精确性硬指标所占比重不能太大，但随着应用研究的发展，其比重将逐步增长。当然，模糊性软指标仍将占有一定的位置。这是由于建筑规划设计特点所决定的❶。”

该文所建立的综合评价指标体系中有“硬指标”19 项，“软指标”42 项。所有“硬指标”均有计算公式，可算出具体评价值；而“软指标”的评价值是评价人员凭经验通过投票计算得出。该综合评价方法具有基础性，且简便明晰，充分注重评价过程的可操作性。

限于当时的条件，该方法中所有定量化的数据均来源于个人经验或几个试样方案的比较，而总的评价结果是使用与线性加权累积模型类似的简单方法计算求得。尽管如此，该文在国内首开建筑综合评价科学化、定量化研究的先例，是非常值得充分肯定与赞扬的。

1986 年 12 月，西安冶金建筑学院（现西安建筑科技大学）的杨茂盛先生在《基建优化》1986（6）上发表了《利用多层次分析法对住宅建筑技术经济效果的评价及优选》一文，首次明确地论述了利用层次分析法（AHP）模型构建住宅建筑方案的综合评价指标体系。该模型分为四层，即：目的层、准则层、子准则层、基本指标层。文中叙述利用定性与定量相结合的方法确定待评方案的评价值，利用 AHP 算法求出排序结果或按照线性加权累积模型计算出待评方案的最终综合评价结果。

1988 年，建设部组织有关单位编写出版了《居住建筑社会经济综合评价指标体系》一书，虽然没有明确地表明使用层次分析法（AHP）模型，实质上是利用类似的形式构建了论述内容的综合评价指标体系。

1990 年，安徽建筑工业学院的黄已力先生在《新建筑》1990（4）上发表了论文《公用建筑设计方案评价系统》，尝试建立一种评价各类公共建筑设计方案的通用评价系统，以求促进评价工作在科学化与规范化方面的进展。

该文根据公共建筑的特点及评价设计方案综合效益的要求，评价指标体系首先分为满足社会需要（建筑物质功能及精神功能）和社会劳动消耗两大类指标，再进一步分类、分层，分解成 7 个分项指标及 21 个单项指标，这些指标概括了各类公共建筑主要功能及社会消耗的共同性及特殊性问题。文中采用 AHP 模型的算法计算指标权重，该文的综合评价方法则使用“加权累积模型”分别计算“功能类指标的加权综合效果”X_C 和“消耗类指标的加权综合效果”L_D，最后计算公用建筑设计方案的综合效益 $E=X_C/L_D$，并按 E 值大为优的原则将方案排序。

1989 年 12 月，西北建筑工程学院（现长安大学）的刘士铎教授在《基建优化》1989（6）上发表了论文《ELECTRE 多因素决策方法及程序在建筑方案选优中的应用》，文中指出该方法属于一类具有先验偏好的决策离散方法。即决策者在有限数目的备择方案中进行选择，这些备择方案是用一组共同的无公共测度单位的多个准则评价的。特别由于建筑

❶ 詹可生等：“借助微机评价住宅区设计的研究”，见《新建筑》，1985（2）。

设计中庞杂的品质要求，有的具有明确的数值指标，可以定量；而另外的许多物质或精神功能既没有精确的数值指标，又没有公共测度单位，只能凭感性经验与模糊判断进行“打分”。一般来说，考虑到影响建筑设计的因素繁多且各个设计因素的相对重要性权重往往又千差万别，直观地综合信息进行设计方案优劣判断的过程将极其困难，且不准确，因此亟需 ELECTRE 这样的解析方法来帮助确定多因素待择方案的价值。作者指出，在确定了各类建筑设计有关评价指标的权重值后，可结合在某个具体设计方案中它们各自的“评价值”，使用 ELECTRE 多因素决策方法及程序，在计算机上解算，从而得出科学的综合评价结果，可直观地从排序中选出最优方案[1]。

20 世纪 80 年代，建筑学和城市规划专业工作者已开始对现代设计方法表现出浓厚的兴趣，但对基于应用现代数学方法的基础上建立起来的系统论、控制论、信息论等领域尚不熟悉，特别是建筑设计中不仅包含了大量的社会人文因素，即使是一些物质功能也没有精确的数值指标，又没有公共测度单位，那时“灰色系统”、“物元分析”等新理论、新方法刚刚出台，尚未被大多数人真正理解和接受，因此导致了许多建筑师认为利用现代系统设计方法实现建筑设计的科学化、定量化、严密化几乎是不可能的；其次，在当时，微型计算机设备的应用在国内大多数建筑设计单位或院校尚未真正普及，甚至计算机辅助设计用于建筑设计方案的绘图都才刚刚起步，而精通数理的专家开始介入建筑设计领域更是凤毛麟角，很难看出科学化综合评价的重要性。因此，现代系统设计方法在那段时期没有发展起来，这种情况一直延续到 20 世纪 90 年代初期。

1987 年 6 月，周若祁在《西安冶金建筑学院学报》发表的《试论建筑计划及其研究》一文中，针对当时国内建筑研究方法较为单调落后的情况指出，“习惯于沿用传统的定性研究方法，而对于定量化的科学研究系统甚为生疏。建筑学虽然是综合性学科，但不能否认它首先是科学技术的分支，科学研究的共通研究方法同样适用于建筑，我们常常忽视了这一基本特性。莫说现代的方法论，就连普通的统计分析、数理解析等方法，与我们建筑学也相距甚遥。为改进我们的建筑研究，首先需改进我们的方法。实践证明，没有先进的、科学的方法，就不可能有理论的发展，反之则然，一种新理论的提出，总是伴随着研究方法的突破”。该文呼吁要加强对建筑的定量化研究，并指出：“长期以来，我们运用唯物辩证法的三大律来认识客观规律，解决矛盾，运用分析与综合、归纳与演绎、类比与推理等传统的定性方法，已积累了丰富的经验，形成一定的特色。但是，科学研究的深化必然依赖定量化，现代应用数学的发达、电子计算机的普及和测试仪器的精密化等，为我们提供了良好的基础，建筑研究的定量化具备了充分的条件，关键在于我们的认识和观念需要一个根本的转变。”

20 世纪 90 年代，由于我国基本建设的迅猛发展，建筑业形势良好，专业人士将大量的精力投入到创作中去，因此有关综合评价方面的工作也受到影响。而在房地产业等相关行业中，综合的经济性评价、环境评价等受到国外思想的影响则慢慢受到重视。直到 20 世纪 90 年代后期至 21 世纪初，随着可持续发展思想及绿色、生态建筑设计的发展与工程实践复杂度的提高，加上国内微型计算机设备应用的普及，系统设计与综合评价在建筑、城市规划、景观生态等领域才兴盛并大力发展起来。

---

[1] 刘士铎：“ELECTRE 多因素决策方法及程序在建筑方案选优中的应用”，见《基建优化》，1989（6）。

在国内，如1995年西北建筑工程学院刘士铎教授等在《西北建筑工程学院学报》上发表了论文《居住小区综合评价的AHP模型》，建立了较完整的居住小区综合评价指标体系，并针对居住小区的地区差异和民族的、乡土的、传统的“偏好”，首次主张通过“聚类分析”的数学方法，将地区划分为若干类，对同类地区可采用大致相近的权重值，综合评价更加符合实际情况；2000年重庆建筑大学袁媛等在《基建优化》杂志上发表了《居住区规划设计综合评价体系》一文，根据居住区规划设计特点，结合规划设计规范，归纳出居住区规划设计综合评价指标体系；还有《生态城市指标体系研究》（2000年）、《北京山区生态系统稳定性评价模型初步研究》（2000年）、《中国绿色生态住宅小区水环境技术评估体系》（2001年）等，均有一定的理论和实践价值。

国际上，从20世纪90年代开始，有关绿色建筑综合评价的资料逐步为世人所瞩目，特别是世纪之交，更是出现了发展快、应用多的局面。如英国建筑研究所（BRE）1990年推出的“建筑环境评价方法（BREEAM）”；美国绿色建筑委员会1993年推出的“LEED绿色建筑等级体系”；1996年由加拿大、美国、英国、法国等14个国家参加的“GBC绿色建筑挑战”；另外还有德国的生态导则LNB、澳大利亚的建筑环境评价体系NABERS、挪威的EcoProfile、法国的ESCALE等，这些评价体系制定了定量的评分体系，对评价内容尽可能采用模拟预测的方法得到定量指标，再根据定量指标进行分级评分；对于难以定量预测的内容，采用定性分析、分级打分的方法。由于受到知识和技术的制约，各国对于建筑和环境的关系认识还不完全一致，评价体系也存在着一些局限性。如可操作性不强、庞大的指标体系不易管理、各国评价体系不利于广泛的交流共享、评价工作量大、灵活性和扩展性差等。

我国绿色建筑评价体系的发展相对滞后，近几年已有较大的进步，特别是住宅领域。我国内地的绿色建筑评价体系在吸收国外评价体系优点的基础上，结合国情做了许多有益的探索，目前具有代表性的研究成果主要有2001年由建设部住宅产业化促进中心制定的《绿色生态住宅小区建设要点与技术导则》。同时，多家科研机构、设计单位的专家合作，在广泛研究世界各国绿色建筑评估体系的基础上，结合我国特点，完成了“中国生态住宅技术评估体系”的制定，并出版了《中国生态住宅技术评估手册》。我国的这一生态住宅评估体系对于引导绿色住宅建筑健康发展起到了积极的作用；另外，《现代房地产绿色开发与评价》于2003年出版；2003年8月，由清华大学等九家单位合作，共同完成了《绿色奥运建筑评估体系》的研究并出版。我国台湾地区1999年推出了《绿建筑解说与评估手册》；1996年香港地区参照英国的BREEAM，根据香港地区的具体环境条件，建立了HK-BEAM等，有关学术会议和学术刊物上绿色建筑评价的论文也日渐增多。

2005年10月建设部和科技部联合编制了《绿色建筑技术导则》；2006年3月发布并实施的《绿色建筑评价标准》，是我国第一个国家标准的绿色建筑评价体系。建设部还在2005年和2006年召开了两届“国际智能、绿色与建筑节能大会暨新技术与产品博览会”，旨在全国大力推广绿色建筑。

2 绿色建筑体系

2.1 绿色建筑体系的概念

人类社会与自然界是高度相关的，它们必须共同进化。通过相互依赖的合作关系（协同作用），通过适应性选择和制约，在人类建设自己高度的物质文明和精神文明的同时，维护自然界健全的生态过程，保持可供人类永续利用的自然生态系统的持续繁荣。

绿色建筑体系是“绿色人居环境”的重要组成部分，是生态化发展模式与可持续发展环境伦理观理念指导下的建筑发展的必然趋势，其基本概念是将建筑视为一个“社会—经济—自然”的复合生态系统，建立了建筑与自然共生的观念。即以积极的态度，把人与建筑、人与自然环境间的关系建立在生态价值观的基础之上，以“配合应用”取代“消费”环境资源，视大自然为生命体，与自然环境维持共生共存关系，实现自然生态、社会生态、经济生态和历史文化生态的平衡、协调发展，此观念正好弘扬了我国优秀传统“天人合一”的思想，为丰富和发展建筑设计理论与设计实践，为建筑科学与环境科学的融合、传统特色和现代技术的融合打开了新的视野。

一般而言，绿色建筑也可称作“生态可持续性建筑”。按照《华沙宣言》所指出的“建筑学是为人类建立生活环境的综合艺术和科学”的新观念，再次认定建筑与环境关系的新内涵，那就是建筑的规划、设计要有利于促进人造建筑环境与自然环境的和谐共生，最大限度地节约资源（节能、节地、节水、节材）、保护环境和减少污染，有利于自然生态的良性循环，有利于实现人类可持续发展的目标。

因此，我们的设计意识就是环境设计意识。要求设计者具有更加生态化的责任感从事他的建筑设计工作，也意味着建筑设计要超越单一建筑建造的范围，走向设计整个环境，寻求获得最高的使用价值和对环境的最低影响，使建筑空间环境得以长时期满足人类健康地从事社会和经济活动的需要。因此，我们也可以这样来界定绿色建筑设计，即在建筑整个生命周期内，以生态学观点为基础，以人与自然的综合进化为目标并优先考虑建筑的环境属性。在我国新发布的《绿色建筑评价标准》中对适应我国国情的绿色建筑的定义是：“在建筑的全寿命周期内，最大限度地节约资源（节能、节地、节水、节材）、保护环境和减少污染，为人们提供健康、适用和高效的使用空间，与自然和谐共生的建筑”。

中国人居环境发展面临着两个问题：一是经济与社会发展、城市化加速而带来的不断增加的需求（就业、住房、交通、基础设施等）；二是支撑人居环境发展进程的资源极其有限，且浪费、污染严重（土地、资源、能源、生态等）。我们正处在中国人居环境发展的关键时期，面临着对长期发展模式选择的十字路口，形势要求建筑界应积极参与到综合

"绿色工程"中，充当重要角色，建立和健全适应中国国情的绿色建筑体系，为我国的人居环境建设指明方向。

2.2 绿色建筑体系的框架

绿色建筑体系的目标就是在可持续发展理论指导下，适应社会、经济发展的需求，以人为本，以环境与发展为中心，以人与自然的共生、人工环境与自然环境的共生重构人类住区体系；在不损害基本生态环境的前提下，使建筑空间环境得以持续满足人类健康生存和发展的需要。绿色建筑体系和传统建筑体系的本质区别在于：它不再局限于以往建筑业超越生物圈的时空限制，孤立地考虑自身系统随心所欲地发展，而是建立在发展与环境相互协调的基础上，以生态系统（自然与人文）的良性循环为基本原则，在自然环境允许的负荷范围内，综合考虑了决策、设计、施工、使用、管理与更新再生的全过程，并结合环境、资源、经济和社会发展状况而建立起来的营建系统。

原国家自然科学基金委员会"九五"重点资助项目"黄土高原绿色建筑体系与基本聚居单位模式研究"课题组采取要素重组与结构更新相结合的方法来建立绿色建筑体系的框架（图 2-1)。前者为梳理传统建筑体系中的要素群，增加涉及生态和环境方面的相关要素，并在新的要素层面进行结构重组，对涉及生态和环境的问题进行整体思考，采取多层次的对应策略和措施；后者为在学科层面上进行结构改造，拓展知识领域，谋求建筑、地景和城市学科的融合，发展融贯综合的方法，从更宽的专业范畴探求解决人居环境可持续发展所面临的复杂问题的途径。

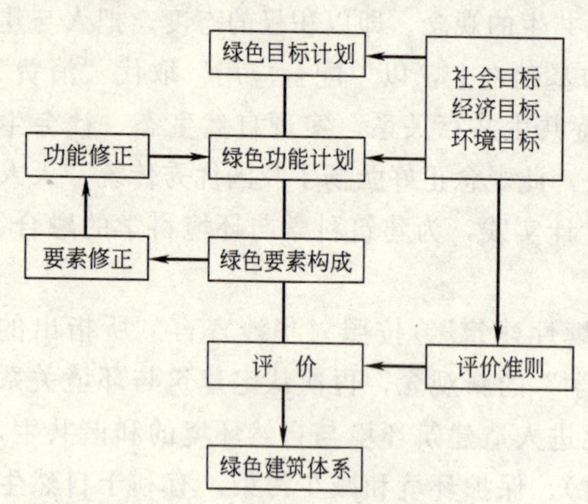

图 2-1 绿色建筑体系建构程序

课题组探讨了建立绿色建筑体系的目标策略和方法，以社会科学、技术科学、空间科学、经济学、生态科学等学科为支持构成"需求"（人与社会)、"营造"（技术)、"形态"（生态)、"效益"（经济)、"环境"五大基本要素和与其对应的要素群，建立绿色建筑体系的框架与模式（图 2-2)，构成一个相互作用、相互制约的整体。

绿色建筑体系，由目标层、支持层、基本层、要素群构成。

目标层：以可持续发展为理论指导，应用系统分析的方法，综合多学科知识，构筑促进人类住区可持续发展的建筑体系。

支持层：以生态学理论为基础，技术科学和人文社会科学为两大支柱，运用空间科学的理论与方法，建立高效、有序的功能组织系统，而经济学则平衡各要素之间的关系，优化整体效益，提供分析、判断的基础。支持层的五个方面构成体系框架的平台。

基本层：由"需求"（人与社会)、"营造"（技术)、"形态"（生态)、"效益"（经济)、"环境"五大基本要素作为组成绿色建筑体系的主体结构。

要素群：由基本层的五大基本要素所包含的各项子集合。

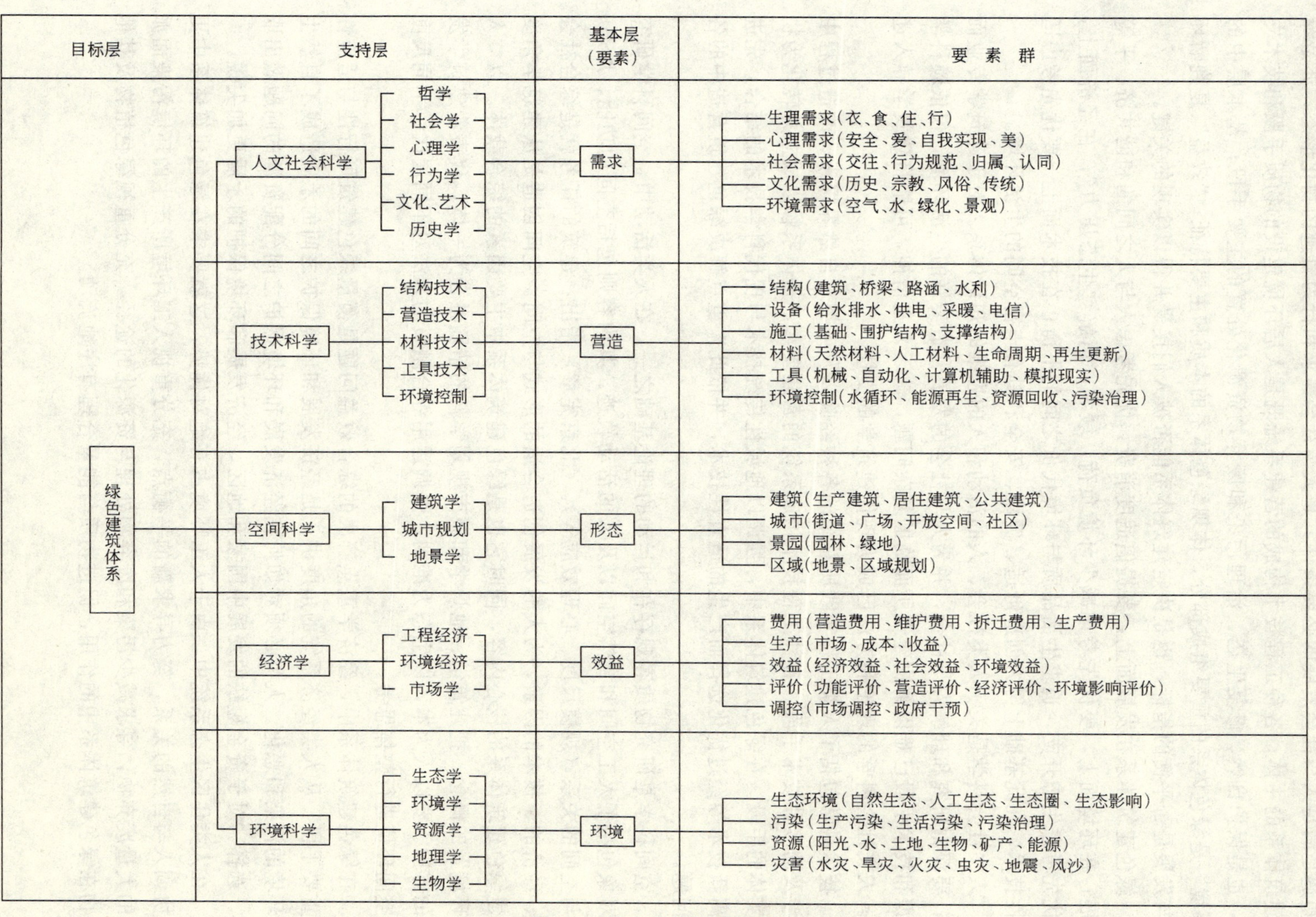

图 2-2 绿色建筑体系构成

人的需求、社会的需求是“发展”的主线，是建筑产生和发展的根本动力；可见形态的塑造是满足人与社会发展的必要条件，是人与社会需求和行为轨迹的物化形态，亦是绿色建筑体系的主体；各种工程技术构成的营建系统既是人居环境建设的物质手段和技术支持，也是保护自然、修复生态、治理污染和废弃物资源化处置的主要手段；基本层中的“环境”是绿色体系的重要组成部分，体现绿色体系的本质和主要特征；“效益”是判断环境与发展是否平衡的指标，也是决定建筑体系能否被人们接受并得以实现的关键。

绿色建筑体系在发展面上，要提倡适度消费，优先考虑人与人之间的和谐共济、平等发展；在环境面上，要优先考虑减少环境负荷，缓和、消解“生态压力”；在经济面上，要优先考虑生态开支，追求生活品质与环境代价之间的平衡；在技术面上，要优先考虑适宜性技术，在此基础上努力创造舒适、健康、安全和具有丰富空间的生活环境。

人文社会科学是关于人类社会、人的活动和人的思维的知识体系。对于建筑学专业而言，要深刻研究和理解人与社会，并为人与社会的发展营造美好的生活环境，仅依赖科学知识和技术手段已难以解决建筑所面临的复杂问题，缺乏人文精神，可能将建筑学导入迷途。人文社会科学的理论和方法已成为现代建筑学的支柱。

技术科学包括了人类工程实践所总结的各种经验以及人类对自然界探索、改造过程中所涉及的多种技术手段。各种工程技术构成系统的营建要素，是体系赖以成立并转化为物质实体的手段。在绿色建筑体系中，强调以地域性传统技术与现代科学技术的结合，先进的高新技术等经过优化选择而产生的适宜性技术，并依此来重点解决绿色建筑营造中的各种问题。

空间科学是研究物质客观存在和运动的理论基础之一。在人类活动中，空间科学研究的对象包括了人工空间和自然空间以及人的活动轨迹，其内容则包括空间的功能、形态、人与空间的关系（规模尺度、心理效应等）。《北京宪章》指出：建筑的任务就是综合社会的、经济的、技术的因素，为人的发展创造合适的形式与空间。空间创造是从建筑学角度构建绿色建筑体系的核心内容，同时它也是绿色建筑体系中主要因素的综合载体。以“人居环境”的概念，把建筑学、地景学和城市规划学科的精髓融合为一体，代表着建筑学发展的方向。要以人为本，以生态为准则，强调运用综合融贯的方法对不同层次、不同尺度的空间环境进行整体思考。

在绿色建筑体系中，经济学重点解决的综合效益问题是衡量绿色建筑可行性与适应性的重要手段。从人类经济系统的角度讲，是经济发展和环境保护之间的矛盾造成了自然生态环境的污染和恶化。人类必须对如何在经济发展和环境保护之间分配资源的问题做出取舍、选择。对于资金短缺的发展中国家和地区，经济发展和环境保护的矛盾更加尖锐。

在人类住区生态系统中，由于人工环境占有绝对优势，这就要求在绿色建筑体系中更应协调人与自然的关系，努力寻求新的平衡点，充分重视人工环境所产生的环境污染而派生的大量废弃物，寻求减少污染和废弃物处理与资源化的途径，充分重视绿色植物及其他生物在绿色建筑体系中的作用，促进物质与能量合理有序地流动。

3 绿色建筑综合评价指标体系

3.1 综合评价指标体系的建立原则

早在 20 世纪 30 年代，拉尔夫·泰勒就提出应把“目标”作为评价的依据和中心，目标就是总的方向、总的要求，也是评价对任一体系所要达成的总效果的描述。但一般说来，目标具有高度的原则性和某种程度的抽象性和模糊性，难以直接作为评价的依据，需要把抽象的目标具体化，分解为若干有精确的内涵和外延的、具体的、可测量的指标。指标作为目标的具体化，既是由目标所决定的，也保证目标的方向和要求能切实地得到落实。由于指标是具体的、可量度的，因而它又是实质性目标的体现。在建立指标体系时，应遵守以下五个原则。

(1) 目标导向的原则

设计的指标体系必须能够全面地体现评价目标的指向和要求，指标体系应以目标为中心、为依据，尽可能全面地、合理地反映评价对象的本质特征。指标体系的指标如果违背了目标，就会把评价工作引向错误的方向。目标导向原则不仅要求指标体系中各项指标必须与目标保持一致，而且还要求指标体系中各项具体指标间保持一致性，若在同一指标体系中出现两项相互矛盾或相互冲突的指标，则说明其中至少有一项指标背离目标或与目标发生冲突，这样在评价实践中，就会造成评价人员无所适从，产生不良后果和影响。

(2) 理论先进性原则

必须在先进、科学的理论指导下，建立评价指标体系。理论本身应能反映评价对象的本质特征和客观实际，而指标体系则必须对客观实际的描述应尽可能全面、合理，并符合评价对象的本质特征。无论采用什么样的评价方法和建立什么样的数学模型，各项指标的概念要科学、确切，有精确的内涵和外延；指标体系必须符合一致性、独立性和整体完备性的原则，应避免指标间的相互隶属或相互重叠，保持各项指标的惟一性。同时，在建立指标体系时还要求权重系数的确定以及数据的选取、计算与合成等要以公认的科学理论为依托。

(3) 系统优化原则

所谓系统优化原则，是指设立指标变量的数量多少及其指标体系的结构形式应以全面系统地反映评价目标为原则，从整体角度来设立评价指标体系。即应从众多的变量中依其重要性和对系统行为贡献率的大小顺序，筛选出数目足够少的但却能表征该系统本质行为的主要成分变量。指标体系应统筹兼顾各方面的关系，如当前与长远的关系、整体与局部的关系、定性与定量的关系等。指标体系既不能顾此失彼，也不应包罗万象，应区分主次、直接与间接，把握重要因素，尽可能以较少的指标建构成一个合理的指标体系，达到指标体系的整体功能最优的目标。所选指标变量如果过少，就有可能不足以或不能充分表征该系统的真实行为或真实的行为轨迹；如过多，资料难以获取，综合分析过程也很困难，同时不能很好地兼顾到决策者应用上的方便，而且又大大增加了复杂性和冗余度，使评价难以实施。此外，指标体系应由若干同质指标组成并形成系统结构，属于不同类型的指标不能相互并合，主要指标和伴随指标也不应并列。

(4) 指标的可比性原则

众所周知，只有将不同物量化为同一单位后，才能在量上相互比较。评价就是比较，不可比的东西就不能评价，可比性越强，评价结果就越可信。各具特征的评价对象应该有一个基本统一的指标体系来统一衡量、对比、评价，评价体系的指标必须反映被评估对象的共同属性，质的一致性是可比的前提。为了使评价指标可比，所设计的评价指标应尽可能采用国内、国际标准或公认的概念。评价内容尽可能剔除不确定因素和特定条件下环境因素的影响，将不可比因素设法转化为可比因素，将评价的数据换算成统一的当量数值或无量纲数值，使各项评价指标相容于同一模型中，整个评价结果才具有可比性。

(5) 实用性原则

评价指标体系必须涵义明确、数据规范、繁简适中、计算简便易行。除指标的可比性外，还要强调指标的可取性（具有一定的现实统计基础）、可测性（所选择的指标变量必须在现实生活中是可以测量得到的或可通过科学方法聚合生成的），围绕指标规定的内容要有足够的信息可供利用，同时还必须有一定的、切实可行的量化方法可供使用。评价指标所规定的要求应符合被评价对象的实际情况，即所规定的要求要适当，既不能要求过高，也不能要求过低。实用性还要求设立的指标要有层次、有重点，定性指标可进行量化，定量指标可直接量度，这样才能使评价工作简单、方便、节省时间和费用，并便于计算机处理。

3.2 评价指标权重的确定

权重也称权数或加权系数，它表示对某种事物重要程度的定量分配，具体到综合评价指标体系中，权重则体现了各项指标的相对重要程度。科学地确定权重在具有多指标的综合评价中具有至关重要的作用。故在构建了综合评价指标体系后，第二大步骤就是评价指标权重的确定。

权重首先体现了评价决策者的引导意图和价值观念，它可以起到突出重点指标的作用；其次，权重的设定不仅影响到某一项评价指标的评价结果，而且还影响到其他指标的评价结果，这是因为各个评价指标间的权重数值相互制约（如相加之和等于1），当某个指标的权重设定较大时，另外一些指标的权重则较小，如果对权重数值进行改变，就可能引起被评价对象优劣顺序发生变化。由于权重的确定将直接影响到综合评价的结果，因此，它在综合评价中起到了举足轻重的作用。

确定权重的方法很多，有德尔菲法、环比法、模糊矩阵求递法、AHP（层次分析法）等，但当今国内外用得最普遍也被公认为最有效的方法之一是AHP（层次分析法）。

3.3 利用定量与定性相结合的方法进行综合评价

在构建了综合评价指标体系与确定了评价指标权重后，我们即可利用定量与定性相结合的方法进行综合评价。

衡量评价对象的指标要尽可能地量化，才能真正进行综合评价的计算。正如马克思所说："一门科学只有成功地运用数学时，才算达到了真正完美的地步"。任何事物都具有质的规定性和量的规定性，但对于一些难以量化的定性指标，在本书中利用"模糊"与"灰色"的概念来进行量化。

世界上许多事物都具有模糊的、非定量化的特点，在做综合评价时同样会遇到许多模糊现象和不确切的概念。所谓"模糊性"，主要是指客观事物的差异之间存在着中间过渡，存在着亦此亦彼的现象。例如对一项科研成果，不同的人按不同的标准来进行评价，其结果往往不相同，即使用相同的标准，不同的人很可能也有不同的认识，显然，对于这些模糊现象，采用精确数学来处理是无能为力的。1965年，美国控制论专家查德教授首次提出处理模糊事物的新的数学概念，从此包括模糊评价在内的模糊数学理论得到了迅速的发展，并在许多学科和领域得到广泛的应用。

在系统论与控制论中常用颜色深浅来形容信息完备程度。一般情况下，"白"指信息完全，"黑"指信息一无所知，"灰"则指信息不完全或不确知。因而用来表示确切知道信息的量度称为白色数（简称白数），而用来表示不确切知道信息的量度称为灰色数（简称灰数）；一个信息不完全的元素，称为灰元；系统间、因素间信息不完全的关系，称为灰关系；若系统中有信息不完全或不确知的现象，则称为系统的灰色性。这种具有灰色性的系统，称为灰色系统，简称灰系统。

信息论与控制论试图用统计方法与随机理论来研究与描述系统信息的不确定性，指出了事物的随机性；模糊数学试图利用精确数学描述模糊现象来解决系统复杂性与精确性的矛盾，指出了事物的模糊性。而灰色系统理论认为，实质上系统的随机性和模糊性是灰色性在两个不同方面的不确定性。

在客观世界中有很多抽象系统没有物理模型，系统的作用机制不太清楚，系统的边界关系、状态、结构等难以精确描述，以致无法定量判断信息的完备性，人们只能凭逻辑推理，运用某些观念意识、某些判别准则，对系统的结构特性进行论证，然后用各种模型加以表达。这类抽象系统，统称为本征性灰色系统。

客观事物对人类来说，并不是白的（系统中全部信息确定或确知），也不是黑的（全部信息不确定），而是灰的（系统中的信息部分确定，部分不确定）。因此人类的思维是灰的，行动根据是灰的，人们不得不在灰的环境里思考、决策和行动。只是由于人们对一些不确知因素忽略不计，才把某些灰色系统当作白色系统来认识和处理。显而易见，作为复杂巨系统的绿色住区系统也是一个灰色系统。

在本征性灰色系统中，它的系统边界难以确定，系统状态不易判断，作用机制认识不清，系统的输入信息也难以辨别，因而试图以输入—输出关系去建立系统模型是很困难的。但系统的最后结果即总输出的资料和信息或多或少可以得到，灰色理论将这些信息加以充分利用，通过处理灰信息来构造系统模型，来揭示系统内部的特征和规律，而不是依赖于可能永远得不到的"输入—输出关系"的信息。

对存在的灰色信息，具体操作时可以用灰数的"白化值"作为它们的量化值。所谓灰数的"白化值"，就是通过该灰数的外在特征，赋予该灰数一明确数值，从而使该灰数变成了白数。例如，科学家根据大树的年轮给出大树的接近年龄，便是该树年龄的白化值。灰数是客观事物中大量存在着的随机的、含混的、不确知的参数的抽象，所以灰数不是一个数，而是在指定范围内变化的所有白数的全体。因为灰数是一个整体数，一个区间数，一个集合数，所以就提出了灰数的白化问题。所谓灰数的白化，就是将取不确定值的灰数，按照白化函数取一个确定的值❶。

鉴于绿色住区系统的灰色性质，这些指标中精确数据很少，绝大多数是这些指标灰色区间值的白化值，如经常采用的多年平均值等。同时收集来的各种统计、观测数据，也由于技术方法、人为因素、自然环境等的变化和影响，造成各种误差、虚假、短缺等现象，也在所难免，因而这些数据资料有明显的不确切性。此外，无论自然因素还是社会因素，诸如生态环境、资源条件、技术水平、政策作用、经营管理等，都缺乏或无法用精确的数据来作定量描述，一般说来，大都是"模糊"或"灰色"的量，故我们在对评价指标值进行量化时，采用了有特殊约定的 5 级定标法（或 9 级计分制），从而解决了许多评价因素的指标值不能量化的难题（详见第 4 章）。

在正确确定评价值的量化方法后，即可选择合适的综合评价算法进行计算，从而得出科学的、量化的综合评价最终结果。

3.4 国内外绿色建筑的综合评价体系

早在 20 世纪 60 年代，发达国家和地区在经历了能源危机和环境污染的公害事件之后，就开始探索有关"绿色建筑"的发展战略与技术，逐渐成立了相关的技术协会、研发组织，并研究了相应的评价方法。到 20 世纪 90 年代有关绿色建筑的综合评价才逐渐成熟，前后可大致划分为三个发展阶段，即早期：绿色建筑产品及技术的一般评价、介绍与展示；中期：建筑方案环境物理性能的模拟与评价；近期：建筑整体环境表现的综合审定与评价。

20 世纪 90 年代，国际上一些发达国家相继进行了卓有成效的绿色建筑评价研究。较有影响力的有英国建筑研究所（BRE）推出的"建筑环境评价方法（BREEAM）"、美国绿色建筑委员会（USGBC）的"能源与环境设计先导的绿色建筑评估体系（LEED）"等。而最具有代表性的是由加拿大发起、多国参与的"绿色建筑挑战"（Green Building Challenge）运动（简称 GBC）。由于对绿色建筑概念的理解不同及国情不同，所服务的对象有所侧重等各方面原因，这些具有代表性的综合评价体系也各具特色。

英国建筑研究所（BRE）推出的《建筑环境评价方法》（BREEAM）是各种评价系统中最著名的一个，它于 1990 年首次推出，是国际上第一套实际应用于市场和管理之中的绿色建筑评价体系。最初，BREEAM 的评价目标主要是办公建筑。在英国最初发布的五年内，超过 4000 万平方英尺（约 371.6 万 m^2）的办公楼被评估，占每年办公楼设计的

❶ 邓聚龙：《灰色系统基本方法》，武汉：华中理工大学出版社，1987 年 11 月。

40%以上。该机构同时为建筑师和开发商提供相关技术咨询，目前该系统已在全球传播，并被认为是评价一个建筑物环境质量和性能的工业标准。BREEAM 评价体系的推出，为规范绿色生态建筑概念，以及推动绿色生态建筑的健康有序发展，做出了开拓性的贡献。至今，它不仅在英国以外发展了不同的地区版本，如加拿大版本的 BREEAM、中国香港的 HK-BEAM，而且成为各国建立新型绿色生态建筑评价体系所必不可少的重要参考文献。

《LEED 绿色建筑等级体系》由美国绿色建筑委员会于 1993 年开始着手制定（1998 年 8 月发布第一版，2000 年 8 月发布第二版）。它受到英国 BREEAM 的启发，主要用于评价美国商业（办公）建筑整体在全寿命周期中的绿色生态表现。2000 年 8 月美国绿色建筑委员会（USGBC）制定的《绿色建筑评估体系》（第二版）（LEED GREEN BUILDING RATING SYSTEM VERSION 2.0），旨在用成熟的或先进的工业原理、施工方法、材料和标准提高商业建筑的环境和经济性能，为设计单位按照绿色环保和可持续发展要求进行设计和提供指导。它通过“整体建筑”观点进行建筑物全寿命周期环境性能评价，提供一套构成“绿色建筑”的权威标准。

“GBC 绿色建筑挑战”发起于 1996 年，当时有加拿大、美国、英国、法国等 14 个国家参加。两年间，各参与国通过对多达 35 个项目进行研究和广泛交流，最终确立了一个合理评价建筑物能量及环境特性的方法体系——GBTOOL，目标是建立第二代建筑环境评价系统。1998 年 10 月，在加拿大温哥华召开了 14 国参加的绿色建筑国际会议——“绿色建筑挑战 98（GBC’98）”，在这次会议上研究成果得到了展示和总结。会议的中心议题是建立一个国际化绿色建筑评价体系，这一体系可以适应不同的国家和地区各自的技术水平和建筑文化传统。由于体系中包含了根据不同的当地情况而制定的标准和价值权重系统，各国的专家将体系加以调整后几乎可以应用于世界的任何一个地区。

继 GBC’98 的成功召开后，各国又开展了新一轮利用 GBTOOL 针对典型建筑物的环境特性进行评价的工作。2000 年 10 月，在荷兰的马斯特里赫特（Maastricht）召开了“可持续建筑 2000（SB2000）”国际会议。各参与国在两年的时间里利用 GBTOOL 对各种典型建筑进行测试，并将其结果作为改进的建议在这次大会上提交，对 GBTOOL 进行了版本的更新。另外，随着日本、南非等更多的国家参与，GBC 在全球的影响日益扩大。

此外，还值得一提的是，1993 年由美国国家公园出版社出版的《可持续发展设计指导原则》中列出了“可持续的建筑设计细则”，1993 年 6 月，国际建协在美国芝加哥举行的主题为“为了可持续未来的设计”的大会上采纳了这些设计原则。这一细则中同生态设计相关的内容主要是：①重视对设计地段的地方性、地域性理解，延续地方场所的文化脉络；②增强适用技术的公众意识，结合建筑功能要求，采用简单合适的技术；③树立建筑材料蕴能量和循环使用的意识，在最大范围内使用可再生的地方性建筑材料，避免使用高蕴能量、破坏环境、产生废物以及带有放射性的建筑材料，争取重新利用旧的建筑材料、构件；④针对当地的气候条件，采用被动式能源策略，尽量应用可再生能源；⑤完善建筑空间使用的灵活性，以便减小建筑体量，将建设所需的资源降至最少；⑥减少建造过程中对环境的损害，避免破坏环境、资源浪费以及建材浪费。这些原则对此后绿色建筑评价的研究具有重要的指导或参考作用。

我国内地的绿色建筑研究起步也不算晚，20 世纪六七十年代主要集中于土地资源的节约和利用。20 世纪 80 年代以后，国家大力提倡建筑节能，但有关绿色建筑的系统研究还处于初期阶段，许多相关的技术研究领域还是空白。20 世纪 90 年代以来，国内的绿色建筑研究奋起直追，发展迅速。吸收了国际上各种先进的评价体系的优点，有关绿色建筑的评价体系的研究也取得了一些重要成果。如建设部住宅产业化促进中心制定的《绿色生态住宅小区建设要点与技术导则》、《现代房地产绿色开发与评价》、《绿色奥运建筑评估体系》以及我国台湾地区的《绿建筑解说与评估手册》、我国香港地区的 HK-BEAM 等。

2001 年，建设部通过了《绿色生态住宅小区建设要点与技术导则》，在我国首次明确提出“绿色生态小区”的概念、内涵和技术原则。它的总体目标是：以科技为先导，以促进住宅生态环境建设及提高住宅产业化水平为总体目标，以住宅小区为载体，全面提高住宅小区节能、节水、节地、治污总体水平，带动相关产业发展，实现社会、经济、环境效益的统一。

2005 年，建设部和科技部联合编制了《绿色建筑技术导则》，并于 2006 年 3 月推出了《绿色建筑评价标准》。《导则》和《标准》是相辅相成的关系，编制《导则》的出发点是希望为绿色建筑的发展指出努力的方向，而《标准》是用来评价绿色建筑的一把尺子。它们从四个方面即全寿命周期、“四节一环保”（节地、节能、节水、节材和保护环境）、在适度消费基础上的功能需求和建筑与自然和谐共生来推广绿色建筑。

《现代房地产绿色开发与评价》于 2003 年推出，该体系的研究者认为，绿色生态小区环境性能评价系统的建立和实施，能够为全行业提供一个协调行动的基点，加强对环境重要性的认同，引导开发商按照统一的高标准去开发住宅小区，提高住宅建设科技含量。

《绿色奥运建筑评估体系》于 2003 年 8 月推出，它的目标是使奥运建筑为使用者提供健康、舒适、高效、与自然和谐的活动空间，同时最大限度地减少对能源、水资源和各种不可再生资源的消耗，不对场址、周边环境和生态系统产生不良影响，并争取加以改善。

我国台湾地区 1999 年推出的《绿建筑解说与评估手册》是一个本土化的评估体系，并于 2001 年推出其更新版。台湾的建筑师意识到“绿色建筑”源于地处寒带的国家，其中有许多设计技术并不全部适用于热带、亚热带国家和地区，因此必须建立一套适合台湾本土特色的“绿色建筑评估方法”。它以台湾亚热带气候的研究为基础，充分把握岛内建筑物的耗能、耗水、排废、环保特性，认为“绿建筑”可由资材、能源、水、土地、气候之“地球资源”以及营建废弃物、垃圾、污水、排热、CO_2 排放量之“废弃物”两层面角度来评估，“地球资源”是 INPUT，“废弃物”是 OUTPUT，而“绿建筑”就是最小的资源 INPUT 及最小的废弃物 OUTPUT 的建筑物。

1996 年我国香港地区参照英国的 BREEAM，根据香港地区的具体环境条件，建立了 HK-BEAM。它的目标是用合理的成本，使用最好的、可行的技术，以减少新建建筑对环境的冲击，但并不提倡新建建筑物的设计要满足所有的需求。

3.5 评价指标体系的不同指向

3.5.1 评价对象的选择

通过上文我们可以看出各评价体系存在一些差别，这种差别的产生首先在于评价的对象各有不同，其指标体系的框架设计和指标的选择等各有侧重。表 3-1 是对国际上几种评价体系的比较，而表 3-2 是对国内几种指标体系评价目标的比较。

国际上各种评价体系的比较 **表 3-1**

指标体系	BREEAM	LEED	NABERS	GBC
评价对象	(1)新建办公楼设计的环境评价标准	(1)新建和已建的商业建筑	(1)澳大利亚所有类型的绿色生态建筑	(1)办公建筑
	(2)新建超级市场和商店的环境评价标准	(2)新建和已建的公共建筑	(2)同时适用于新建筑和旧建筑	(2)学校建筑
	(3)新建住宅的环境评价标准	(3)新建和已建的高层住宅建筑	(3)评价将每年进行一次	(3)住宅建筑
	(4)新建工业建筑的环境评价标准			
	(5)现有办公楼的环境评价标准			

国内各种指标体系评价目标的比较 **表 3-2**

指标体系名称	《绿色建筑评价标准》	《绿色生态住宅小区建设要点与技术导则》	《现代房地产绿色开发与评价》	《绿色奥运建筑评估体系》	我国台湾地区的《绿建筑解说与评估手册》	我国香港地区的 HK-BEAM
评价对象	居住建筑；公共建筑(侧重于办公、商场、旅馆类建筑)	住宅小区	住宅小区	奥运建筑(包括奥运园区、体育场馆及配套建筑)	泛指所有类型的建筑	现有办公楼；新建办公楼；新建住宅

国际上不同的评价体系设定的评价对象有的分得很细，如 BREEAM，有的比较笼统，如 NABERS，这就影响到体系框架的构成和具体评价内容的选择；另外，其评价的对象基本上为单体建筑，虽然有的体系也考虑了对大环境影响的评价内容，但有些评价因素如水土保持、生态环境监管以及地域性的评价等，不是一个单体建筑所能决定的，必须在更大的人类聚居单位中来进行考虑。从表中还可以看出，我国有关绿色建筑综合评价体系评价的对象，一般为单体建筑或最大延伸到一个居住小区，与国际上具有代表性的评价体系相仿。

3.5.2 评价内容的异同

通过本章附录中几种具有代表性的国外评价体系内容简介我们可以看出，“环境”和“健康”是所有评价体系的重点内容。在环境方面主要考虑对自然资源的“消耗”和对自然环境的“破坏”两个方面，具体涉及能源、水、材料、土地等各个方面；在健康方面主要考虑与人类健康密切相关的室内环境质量如热舒适度、空气质量与通风等诸因素。虽然国际上一些具有代表性的评价体系的内容与方式有共通之处，但也有各自的特点。有的评价体系在达成“绿色”的手段上较为注重，如 LEED 包含以环境可持续发展为目标的选址规划、场地设计和交通规划；而 BREEAM 关注能源采购政策和管理程序；至于 GBC 则是一个面向国际的评价体系，虽然提出了基本的评价内容，但具体的评价项目则交给各个国家的专家小组，由他们根据本国或地区的实际情况有所增减。具体评价中，GBC 各指标项目又分出子项和次子项等多个层级，包括几十到几百条细则，需要输入定性和定量数值几十到上千条不等。

从评价内容的简介上还可以看出，只有 GBC 明确包含有关经济性评价方面的内容，把它单独列出一项，其中包括建筑物全寿命周期的总成本评价、建设成本评价、运行与维护成本评价，占总权重的 10%。这是因为经济性评价主要考虑建筑全生命周期的投资及回报等，而有关这方面的评价比较复杂，需要大量的数据支撑，似乎各国还没有达成共识。在 BREEAM 和 LEED 当中则没有明确列入经济性评价，在 GBC 中虽有经济性评价内容，但不需给出定量评分，只是在评估报告中用文字进行描述，作为评估的参考。不过，在 BREEAM 和 LEED 当中有的评价子项则可体现出来建筑物经济性的优劣，如 LEED 中强调可再生能源的使用，如果可再生能源成本占总能耗成本的比例达到 20%，则可得到本子项的最高分 3 分，体现了建筑运行过程当中减少能源消耗，降低全寿命费用的思想；而在 BREEAM 中则关注电能消耗和电力最大需求，也是为了降低能耗、降低建筑物的全寿命费用。

同时，对管理这方面的评价及操作方法也不一样，有的单独列出一大项，有的则将管理的内容分散设在各相关子项中。如在 GBC 系统里管理是一大项，占总权重的 10%，包括建设过程规划、设计、施工管理、建设文件的整理与归档、人员培训及售卖合同的制定等；在 BREEAM 中则包括环境政策和采购政策、能源管理、环境管理、房屋维修和健康房屋指标。而在 LEED 系统中则没有单独列出，管理就分散在各子项中，由严格的法律条文和专家指导来完成。如在 LEED 中建筑选址一项，就做出了严格的限制或禁止的规定：

·“农田基金会”确定的优质耕地；

·海拔低于“美国洪水水位管理”中确定的百年一遇洪水水位以上 5 英尺的场地；

·联邦政府或各州列出的濒危生物栖息地；

·在距联邦法典 40 的 230～233 和 22 部分中或当地或州法规中界定的塘地 100 英尺范围以内，并应遵守二者中较严格的标准；

·在项目批准之前作为公共公园的用地，除非公共公园业主接受以同等或高于公园用地价值的土地交换。

又规定：

在购买土地以前按这些标准对拟建场地进行筛选，并应保证在方案设计阶段得到设计师的强调、重视。筛选工作应由规划师、生态学者、环境工程师、土木工程师和相近专业的专家来进行。

评价体系结构的差异，也是评价体系适用范围的差异所引起的。LEED 是针对美国国内的，所以可以制定统一的标准，并且可以通过严格的法规来保证它的执行。

GBC 则不同于 LEED 系统，它是一个多国合作项目，不可能制定统一的标准，而只能是指导性的，各个国家和地区建筑业的发展水平不同，面临的问题不同，评价标准自然有差异。

国内的几种体系从评价内容上看，《绿色建筑评价标准》突出“四节一环保”的主导思想，并且在国内首次明确了运营管理的重要性，专门把“运营管理”作为一大类指标；有些体系的内容互为相通，如《绿色生态住宅小区建设要点与技术导则》与《现代房地产绿色开发与评价》，前者 9 大系统与后者 11 大类指标有 9 类是对应的，后者是在对前者的基础上做的适应性变通。

我国台湾地区的绿色建筑评价方法是一个简要的评估体系，其评估范围只限于“降低对环境的冲击”，而未涉及到“与自然调和”、“舒适性”中的内容。其体系确立的原则就在于评估指标要确实反映资材、能源、水、土地、气候等地球环保要素，并且要有科学化计算的标准，未能量化的指标暂不纳入评估。评估指标致力于能应用于社区或建筑群整体的评估，可作为设计阶段前的事前评估以达预测控制的目的。评估指标暂不涉及社会人文方面的价值评估。

我国的各种评价体系都没有明确包含有关经济性评价方面的内容，这是因为有关经济性的评价比较复杂，全寿命周期的计算需要大量的数据和资料的支撑，一般难于精确计算。但在评价内容的有关方面也有所涉及，如《绿色建筑评价标准》中在“节材与材料资源利用”的大类指标中，从建材的选用到施工直至废弃物的处理上，特别强调了全寿命费用的观念。所以在我们的评价体系中，也只是提出了一般的方法和阈值区间，作为评价值的“灰数”使用，再转换为评价得分。我国的各种评价体系同样未包含评价社会生态或历史人文生态的有关内容，从而造成了内容的欠缺。

3.5.3 评价机制与过程的比较

绿色生态建筑评价机制一般包括三个方面：首先是确定指标项目，即根据当地的自然环境（包括地理、气候因素、生态类型等）以及建筑因素（包括建筑形式、发展阶段、地区实践）等条件，确立在当地（或本国）适用的建筑评价指标项目的详细构架；其次是确定评价标准，这些标准可以是定性的，也可以是定量的，但一般都以现行的国家或地区规范以及公认的国际标准作为最重要的参照和准则。现行规范中没有规定的项目则根据地区实践的实际水平和需要，组织专家进行编订；最后是执行评价，即根据以上标准对有关指标项目展开评价。

在指标项目的确定上，由于 BREEAM 和 LEED 都是针对一个国家的，所以都提出了各自统一的评价指标项目细则；而 GBC 则较为特殊，它试图建立一套灵活的、适用于不同国家和地区的指标体系。GBC 的评价工具 GBTool 根据国际绿色生态建筑发展的总体目标，提出了通用的评价内容和统一的评价框架，具体的评价项目、评价基准和权重数则交给各个国家的专家小组，由他们根据本国或地区的实际情况增减决定，因此各个国家都可以拥有自己国家的 GBTool。GBC 的评价既有统一的标准，又照顾到各地区的适应性，相对于其他体系是一大特色。其他评价体系在最初的设计中就没有明确考虑有关地方性特征的问题，如 BREEAM 虽然有好几个海外版，但它最初设计时并未考虑地区间的差异，因此并不具有通用性，这也使各个国家（或地区）的评价结果之间没有可比性。

另外，评价系统不仅可以作为评估工具，而且也可作为设计者的辅助工具，这一点在不同的体系中都有所体现。

例如在 LEED 的“节水”分项中，它的“节水景观设计”一项就有以下内容：

得分点 1：节水景观设计　1～2 分

目的：限制或禁止用饮用水进行景观浇水。

要求：

• 利用高效浇灌技术，或用收集的雨水进行浇灌，比常规方法可节省 50% 用于浇灌的自来水。

·只用收集到的雨水或现场回用水浇灌小区可再节约50%的自来水（总共节约100%）；或不安装永久性的小区浇灌系统。

技术/对策：

根据《能源和环境设计指南》提供的方法，制定绿化用水标准；种植本地的、适应当地气候的节水植物；高效浇灌技术包括微观浇灌、使用湿度传感器或根据气候变化调节控制器等；使用收集的雨水、中水或经过现场处理的废水进行浇灌。

LEED还提供了一套内容十分丰富全面的使用指导手册，其中不仅解释了每一个子项的评价意图、预评（先决）条件及相关的环境、经济和社区因素、评价指标文件来源等，还对相关设计方法和技术提出建议与分析，并提供了参考文献目录（包括网址和文字资料等）和实例分析。这样就使建筑师、业主等能够更加明确评价项目的依据、自己努力的方向以及可以采用的改进措施等。

由于GBC设计的初衷是在共同的前提下可以适用于不同地区的评价系统，因此它在设计的最初阶段就考虑尽可能广泛的因素，提供尽可能详细的信息。这就使评价系统具有广泛的适应性，不仅能够进行简单易行而又全面细致的评价，还能给予设计者专业的指导。它的目标就是在国际化平台上建立起一个既充分尊重地方特色，又具有较强专业指导性的评价系统。但是，这又带来另一个问题，就是内容过于繁复，操作比较复杂（评价过程需要输入各类设计、模拟、计算数据以及相关文字内容上千条），结果也不适应市场对生态建筑评定等级的需求。因此，如何使体系既简洁易操作，又能为设计者提供设计的依据和信息是评价系统设计的重要方面。

在评价标准的确定上，针对一个国家的标准可以参照现行的国家或地区规范来执行，但对于国际化的GBC来说，则无法这样获得。因此在GBC'98阶段，它试图建立起一个“参考建筑”，一个与被评定建筑具有相同的面积、形状、用途和运行方式的建筑模型，使它既能成为系统的基准评定参照，又可以作为标准模型，对其进行能源消耗等计算，判断被评定建筑的指标性能。但实践证明这种想法存在问题，因而在GBC'2000阶段，研究方法改为制定基准指标，即各国专家小组负责决定和认证合适可靠的基础评定参数，通常从各国的有关数据库和其他定量的统计数据资料中获得，如表3-3所示。

GBC评价标准示例 **表3-3**

分 数	执 行 情 况
	年平均建造能源消费与年主要操作运行费用之和，以面积和年占有量衡量
−2	大于或等于基本标准的130%
−1	基本标准的115%
0	基本标准的100%：与“参考建筑”具有相似的形状与尺寸，假定其结构体系、围护结构、机械与电力系统等具有地方典型性
1	基本标准的85%
2	基本标准的70%
3	基本标准的55%
4	基本标准的40%
5	小于或等于基本标准的25%

注：1. Raymond Cole & Nils Larsson, GBC 2000 ASSESSMENT MNAUAL; volume4; multi-unit residential buildings, Green Building Challenge 2000。

在评价体系指标权重的设立方面，各国似乎未找到一套公认合理科学的方法，因而对各指标项目的整体相关性反映存在不足或偏差。

在指标项目的组织上，都采用了树状分枝的多层级结构形式（作者注：此种结构形式类似于我们使用的 AHP 模型），并在实践中得到了较好的应用。

绿色建筑的综合评价过程一般采用如下程序：第一步输入数据，根据评价指标项目，输入相关设计、规划、管理、运行等方面的数值与文件资料。这些数值与文件资料可以通过记录、计算、模拟验证、调研分析等途径获得。第二步综合评分，由具备资格的评审人员根据有关评价标准对各评价项目进行评价，一般采用加权累计的方法评定最后得分。第三步确定等级，根据得分的多少，确定各绿色建筑的等级，并颁发相应的等级证书。

例如美国 LEED 采取把指标分为前提条件和得分点的方法进行评价打分，前提条件必须满足，再根据得分点的高低确定等级。最后的评价结果是根据得分（满分为 69 分）高低，给出通过（26～32 分）、铜质（33～38 分）、金质（39～51 分）、白金（52 分以上）四个不同等级的证书。由于美国绿色建筑委员会的权威性，该证书也具有相当的权威与有效性，目前，LEED 也开始尝试对中国的绿色建筑进行评定并颁发证书。

又如，所有 GBC 评价的性能标准和子标准的评价等级被设定为从－2 分到＋5 分，评分系统中的评分标准相应也包括了从具体标准到总体性能的范围。通过制定一套百分比的加权系统，各个较低层系分值分别乘以各自的权重百分数，而后相加，得出的和便是高一级标准层系的得分值，由此，建筑各方面的环境性能都可以直观地以分值表示。对于被评定的建筑可由分值说明其达标程度，其中：5 分，代表了当前高于建筑实践标准要求的建筑环境性能；1～4 分代表了中间不同水平的建筑性能表现；0 分，基准指标，是在本地区内可接受的最低要求，通常是由当地规范和标准规定的；－2 分，不合要求的建筑性能表现，如表 3-3 所示。

但是，我们要看到，计算总评价结果时，采用加权累计的方法评定最后得分，是一种线性评价模型。即在综合评价数学模型中，如我们假定评价对象的集合为 X，$X=(X_1, X_2, \cdots, X_n)^T$，有 k 个评价指标，而使用的指标的评价值为 $f_1(x_i)$，$f_2(x_i)$，…，$f_k(x_i)$，$i=1, 2, \cdots n$。

如第 j 项指标的相对重要性权重为 w_j，则第 i 个评价对象的评价结果为 $F\{[f_1(x_i), f_2(x_i), \cdots f_k(x_i)]^T\} = \sum_{j=1}^{k} w_j f_j(x_i), i = 1, 2, \cdots n$。

近年来，从数学上已证明，此种线性评价模型在大多数情况下是不合理的，为此在本书中我们采用了非线性评价模型，如后面提到的在我们的评价体系中采用的 TOPSIS 方法等，则总评价结果既准确又直观。

在评价结果和软件的采用上，LEED 采用记分卡来打分，而 GBTool 则是建立在 EXCEL 基础上，全部评价过程均在 EXCEL 软件中表现和进行，最后评价结果以直方图形式直观表现，如图 3-1 所示。像 GBTool 一样，NABERS 也采用直方图的形式反映评价结果，不同的是，在 NABERS 的直方图中，各分项指标和综合指标项目所要达到的最低水平（通常来源于国家或地区相关建筑规范）、具体实践中已经达到的最高水平以及同类实践的平均水平，全部更加清楚地反映在直方图中，因此任何一个建筑在该项指标项目上所达到的水平和所处的位置，都非常清晰，如图 3-2 所示。

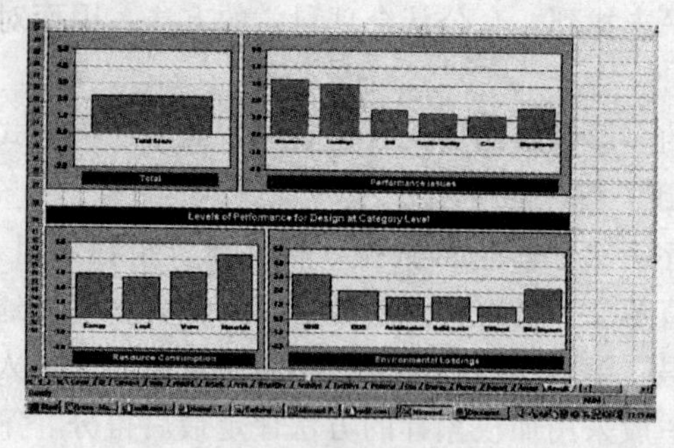

图 3-1 GBTool 各项指标评价结果直方图❶

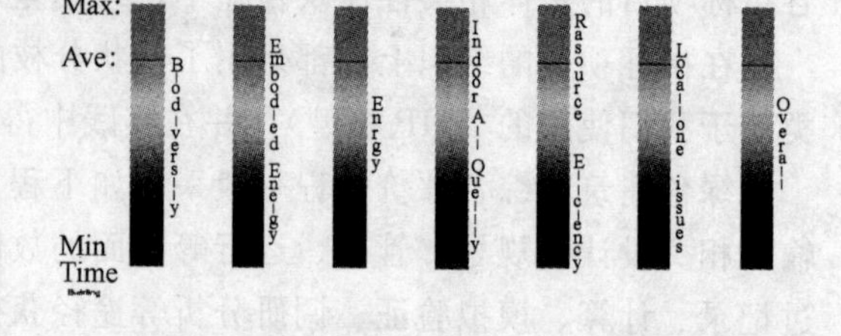

图 3-2 NABERS 评价结果显示方式❶

我国的绿色建筑评价体系的评价机制与过程也有自己的特色，主要体现在以下几个方面。

第一，有的体系考虑了建设进程中不同阶段的特点和要求，依据不同的阶段分阶段评价。如前所述《绿色奥运建筑评估体系》就分为四大部分，即规划阶段、设计阶段、施工阶段、验收与运行管理阶段。针对上述不同阶段的特点和要求，分别从环境、能源、水资源、材料与资源、室内环境质量等方面进行评估。只有在前一阶段达到绿色建筑的基本要求，才能进行下一阶段的设计、施工工作。当按照这一体系在建设过程的各个阶段都达到绿色要求时，这个项目就可以认为达到绿色的建筑标准。这种分阶段的模式，比较适合大型的、可控性强的项目，而对于量大面广的中小型建筑目前似乎难以实现。

第二，设定了详细的评价指标和评价标准。如《现代房地产绿色开发与评价》在评价标准上做的工作较为详尽，表 3-4 为有关此评价体系中能源与水环境评价标准与评价等级的示例。

能源与水环境评价标准与评价等级示例 **表 3-4**

指标、因素及分因素项	评价标准说明	评价等级			
		优	良	及格	不及格
能源系统					
新能源、绿色能源的利用率	新能源利用占国家住宅能耗标准的比例(%)	≥25	≥15	≥10	<10
建设节能比例		≥70	≥60	≥50	<50
其他节能措施节能比例		≥20	≥10	≥5	<5
水环境系统					
污水处理达标排放率	城市污水处理厂污水污泥排放标准(CT/3025)(%)	100	≥90	≥80	<80
中水回用率	%	≥50	≥40	≥30	<30
雨水利用率(包括地下水补充)	占整个小区用水量的百分比(%)	>50	>40	>30	<30
以下项目略	下略	下略	下略	下略	下略

文中对软指标评价等级标准亦做出了示例，例如：

❶ 源自刘煜等："国际绿色生态建筑评价方法介绍与分析"，《建筑学报》，2003 (3)。

施工污染控制水平：

优：施工过程污染控制领先于行业基准水平，无污水、废水、废气排放，无粉尘。

良：施工过程污染控制比行业基准水平略高，污水、废水、废气达标排放。

及格：施工过程污染控制达到行业基准水平。

不及格：施工过程污染控制未达到行业基准水平。

有害建筑材料的使用：

优：未使用任何有害健康的建筑材料和装修材料。

良：在主要居住空间内未使用任何有害健康的建筑材料和装修材料。

及格：使用少量的有害健康的建筑材料和装修材料。

不及格：使用大量的有害健康的建筑材料和装修材料。

第三，采用了较为通用的软件平台。如《绿色奥运建筑评估体系》的评价方法也是建立在EXCEL软件平台上，使评价过程和结果更加直观、易操作。它的评价方法完全参考日本的CASBEE，所述评估体系在具体评分时把评估条例分为Q和L两类：Q（Quality）指建筑环境质量和为使用者提供服务的水平；L（Load）指能源、资源和环境负荷的付出。二者综合起来即可对建筑物的“绿色”程度进行全面评价，如图3-3所示。

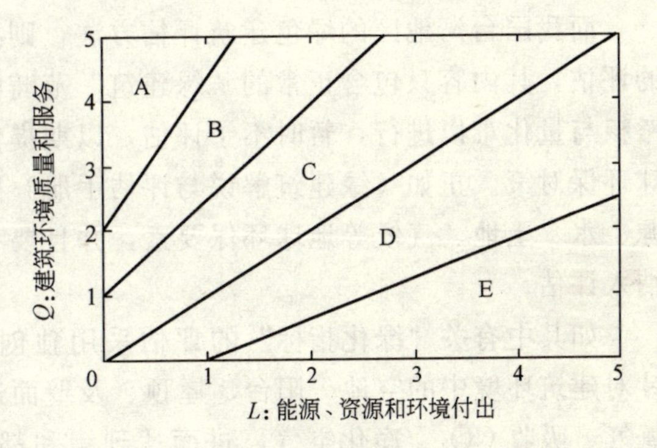

图3-3　能源、资源和环境付出图解[1]

A区：很少的资源能源与环境付出和优秀的建筑服务品质，为最佳绿色建筑。

B区、C区：尚属于绿色建筑，但或资源与环境消耗太大，或建筑品质略低。

D区：高资源、能源消耗，但建筑品质不高。

E区：很多的资源能源与环境付出却获得低劣的建筑品质，一定要避免的建筑。

第四，在指标项目的组织上，也基本上采用了树状分枝的多层级结构形式（作者注：此种结构形式类似于我们使用的AHP模型）。有的系统明确了这种模型，如《现代房地产绿色开发与评价》，有的体系就比较含糊。而在指标权重的设立方面，有的体系制定了统一的权重标准，但依照我国的具体国情来说，制定并不具备开放性的、可以全国通用的指标权重体系只能是一种良好的愿望，因此，缺乏可操作性。

第五，在评价方法的选用上，《绿色建筑评价标准》参考LEED的做法，采取把指标分为控制项、一般项和优选项的方法，需要评定的绿色建筑必须满足所有控制项的要求，并按满足一般项数和优选项数的程度来划分等级。如表3-5所示。

又如《绿色奥运建筑评估体系》采用5级评分制，1分为最低分，3分为平均水平，5分为最好。满足最低条件（标准、法律、规定以及本评估体系提出的一些基本条件）时评为1分，如果连最低条件都无法满足，则评为0分，且不能参加本绿色奥运建筑评估体系的评价。参评建筑实际的Q/LR得分为线性评价模型，对于包含多类型建筑的园区，需

[1] 源自《绿色奥运建筑评估体系》。

划分绿色建筑等级的项数要求（住宅建筑） 表 3-5

等级	一般项数(共 40 项)						优选项数(共 9 项)
	节地与室外环境(共 8 项)	节能与能源利用(共 6 项)	节水与水源利用(共 6 项)	节材材料源利用(共 7 项)	室内环境质量(共 6 项)	运营管理(共 7 项)	
★	4	2	3	3	2	4	—
★★	5	3	4	4	3	5	3
★★★	6	4	5	5	4	6	5

由各类型建筑的面积比乘以其相应的 Q、LR 得分情况，才为整个园区的综合评价结果。而《现代房地产绿色开发与评价》给出的综合评价方法是多层次模糊综合评判方法，可得到各评价等级的分数值。对于复杂巨系统，由于该方法固有的缺陷，其综合评价的结果往往不是很理想。

而我国台湾地区的绿色建筑评估方法，则提供了最初步的“降低对环境的冲击”方面的评估，其内容只包含正常的“绿建筑”范畴的一半，另一半有关更高层次的内容则由于考核与量化难以进行，暂时不予评估，以期提供一种最基本、最实用、最能具体掌握的地球环保对策。正如《绿建筑解说与评估手册》所说的那样，评估指标要确实反映资材、能源、水、土地、气候等地球环保要素，并且要有科学化计算的标准，未能量化的指标暂不纳入评估。

如其中有关“绿化指标”的评估采用独创的“植物 CO_2 固定效果”作为绿化指标，针对建筑环境中的空地、阳台、屋顶、及壁面进行全面绿化设计的评估，鼓励绿化多产生氧气、吸收 CO_2、净化空气，进而达到缓和都市气候高温化现象、改善生态环境、美化环境的目的。针对台中的日照气候条件及树形、叶面积实测值，解析合成而得的 CO_2 固定效果，其数据代表某植物在都市环境中从树苗长至成树的 40 年间（及建筑物生命周期标准值），每平方米绿地的 CO_2 固定效果，参见表 3-6。

“绿化指标”评估示例 表 3-6

植栽种类		CO_2 固定量(kg/m^2)
密植乔木	大小乔木密植混种区(平均种植面积 6.25m^2 以下、土壤深度 0.9m 以上)	900
疏种乔木	阔叶大乔木(每棵种植面积 9m^2 以上、土壤深度 0.9m 以上)	808
	阔叶小乔木、针叶木或疏叶形乔木(平均种植面积 6.25m^2 以下、土壤深度 0.9m 以上)	537
	大棕榈类(平均种植面积 6.25m^2 以下、土壤深度 0.7m 以上)	410
密植灌木丛(高约 1.3m,土壤深度 0.4m 以上)		438
密植灌木丛(高约 0.9m,土壤深度 0.4m 以上)		326
密植灌木丛(高约 0.45m,土壤深度 0.4m 以上)		205(灌木丛标准值)
多年生蔓藤(以立体攀附面积计量,土壤深度 0.25m 以上)		103
高草花花圃或高茎野草地(高约 1m,土壤深度 0.25m 以上)		46
一年生蔓藤、低草花花圃或低茎野草地(高约 0.25m,土壤深度 0.25m 以上)		14
人工修剪草坪		0

基地中总绿化量所换算的 CO_2 固定量 T_{CO_2} 公式为：

$$T_{CO_2} = \sum G_i \times A_i \times \alpha$$

T_{CO_2} 的合格判断公式则为：

$$T_{CO_2} > T_{CO_{2C}} = 0.5 \times A' \times 600$$

式中 T_{CO_2}——基地绿化总 CO_2 固定量计算值（kg）；

$T_{CO_{2C}}$——绿建筑绿化总 CO_2 固定量基准值（kg）；

G_i——某植栽种类单位面积 CO_2 固定量（kg/m^2）；

A_i——某植栽种类栽种面积（m^2），灌木、花圃、草地以实际种植面积计算，蔓藤类以实际立体攀附面积计，其他以密植实际面积计；

α——生态绿化优待系数，针对有计划的本土植物、诱鸟诱蝶植物、耐污染植物等生态绿化的优惠，最无特殊生态绿化者设 $\alpha=1.0$（由专门委员会认定）；

A'——最小绿地面积（m^2），$A'=A_0\times(1-r)$，假如 $A'<0.15\times A_0$，则以 $A'=0.15\times A_0$ 计算；

A_0——基地面积（m^2）；

r——基地法定建蔽率；

600——单位绿地 CO_2 固定量基准（kg/m^2）。

这样就很简便宜行地计算出绿建筑所处基地的基地绿化总 CO_2 固定量，从而评定出其在绿化指标方面是否“绿色”。

该评估体系把基本的健康、安全、舒适作为体系的先决条件，并预留定性化评估、新技术开发、人为管理改善的空间，需由业者提出自己的评估报告，以委员会认定的方式予以认定奖励，这些弹性认定方式扩展了此体系相当大的适用范围。但这也使得它的使用有一定的局限性：其评估范围只限于“降低对环境的冲击”，即“资源使用”及“降低污染”两个方面，而对于绿色人居环境其他方面则均未涉及，且可定量计算部分只可能是一个较小的范围，其评价范围只适应于单体建筑或一个小区。而对于大一点的人居聚居单位，由于牵涉的内外因素的复杂性、动态性，无法精确计算。

3.6 与绿色建筑密切有关的相关学科的评价方法

国内外与绿色建筑密切相关的一些学科评价体系也有很多，这里只对几种具有代表性的体系加以介绍。

《可持续建设项目的评价》（MFI）是由英国 BRE 等机构研发的一种评价方法和工具。可持续建设通常用来描述可持续发展在建筑业中的应用，建筑业被定义为生产、开发、规划、设计、建造、改变或维护建筑环境的所有参与方，包括建筑材料制造商和供应商。可持续发展包含三大主题：环境、社会和经济责任，即三方关系。它为每个人及下一代保证更好的生活质量，可持续发展实质上是企业追求的目标理想。

《中国城市可持续发展评价理论与实践》是南京经济学院“中国城市可持续发展评价理论与实践课题组”在 2000 年推出的，对于城市的可持续发展评价的角度更偏重于从经济学方面出发。他们认为城市可持续发展要解决的关键问题是在保证城市经济效益和生活质量的前提下，使能源和其他自然资源的消费和污染最小化，这样既能满足当代城市发展的需要，又能满足未来城市发展的需要。城市可持续发展是综合发展，是一个较复杂的动态系统工程，具有明显的多层次性和多方位性，由决策支持系统、资源子系统、环境子系统、人口子系统、社会子系统、经济子系统和基础设施子系统以及科技文教子系统构成。对于城市复合系统可持续发展的描述，可由可持续发展度下的可持续发展水平、可持续发展能力、可持续发展协调度来完成。

《生态工业园区评价指标体系研究》旨在依据循环经济理论和工业生态学原理设计成一种新型工业组织形态，其目标是尽量减少废物，通过废物交换、循环使用、清洁生产等手段，最终实现园区的废物“零排放”。

《中国绿色生态住宅小区水环境技术评估体系》认为为更好地引导“绿色生态住宅”建设，亟需从技术、经济、环境、能源及社会的角度进行研究，制定出一套客观、科学的评价体系。他们以可持续发展战略为指导，以保护自然资源，创造健康、舒适的居住环境，与周围的环境生态相协调为主题，以推进住宅产业的可持续发展为目的，在融合国际上发达国家制定的绿色生态建筑评估体系有关内容的基础上，提出了中国绿色生态住宅小区水环境技术评估体系。

另外，《城市居住水平综合评价方法初探》、《层次分析法在城镇土地分等定级中的应用》、《层次分析法在房屋完损等级评定中的应用》、《生态城市指标体系研究》、《北京山区生态系统稳定性评价模型初步研究》等论文中有关建模思想或评价值的量化方法等，亦对建筑的评价有参考价值。

相关学科评价体系无论从评价内容的确立，还是评价机制的确定等多个方面都对我们很有启发，主要体现在以下几方面。

（1）评价指标的多学科借鉴，有助于完善建筑评价体系。相关学科的评价体系，其指标的选用也都遵循可持续发展的原则，在大方向上与我们的指标体系是一致的。1993 年由美国国家公园出版社出版的《可持续发展设计指导原则》中列出的“可持续的建筑设计细则”（见前文）及《澳大利亚哈利法克斯生态城开发模式及规划——生态开发原则》一文中的开发原则都有可借鉴性。如：

提供健康和安全：生态环境可承受的条件下，使用适当的材料和空间形式，为人们创造安全、健康的居住、工作和游憩空间；

鼓励社区建设：创造广泛、多样的社会及社区活动；

促进社会平等：经济和管理结构体现社会平等原则；

尊重历史：最大限度保留有意义的历史遗产和人工设施；

丰富文化景观：保持并促进文化多样性，并将生态意识贯穿到人类住区发展、建设、维护各方面；

治理生物圈：通过对大气、水、土壤、能源、生物量、食物、生物多样性、生境、生态廊道及废物等方面的修复、补充、提高来改善生物圈，减小城市的生态影响。

又如绿色 GDP 的概念和算法在绿色建筑经济评价中就常被引用。

（2）在综合评价指标体系当中，某些单项指标的确立和评价值的确定，常常须借助相关学科中类似指标的评价方法。如水土保持部门在土地适应性方面的评价方法，可借用在绿色建筑体系中有关土地评价上：

土地适应性评价采用指数和法结合规划区土地详查结果进行土地适宜性评价，以土地完整程度、地形条件（坡度）、有效土层厚度、土壤侵蚀强度、土壤质地、有机质含量等因素为评价指标进行土地适宜性评价。以下就我们所调查的甘肃省庆阳市蒲河流域巴家嘴水库以上地区土地适宜性评价为例，说明其指标与方法（表 3-7）。

土地适宜性评价示例 表 3-7

评价指标	评价等级					
	一	二	三	四	五	六
地段	平整地块	缓坡大块	缓坡小块	陡坡小块	急坡破碎	难利用地
坡度(°)	＜3	3～5	5～15	15～25	25～35	＞35
土壤侵蚀度	微度	微度	轻度	中度	强度	极强度
土层厚度(mm)	＞200	200～150	150～50	50～30	30～15	＜15
土壤质地	轻壤—中壤	轻壤—中壤	轻壤—中壤	中壤—重壤	重壤—粗砂	重黏—粗砂
有机质含量	＞1.0	1.0～0.8	0.8～0.5	0.5～0.3	0.3～0.1	＜0.1

对应以上指标要求的土地经过分类划分，就可得到土地适应性评价结果表，如表 3-8 所示。

土地适宜性评价结果示例 表 3-8

土地质级	土地类型	面积(km^2)	比例(%)	土地适宜性			备注
				农	林	牧	
Ⅰ	下游平整掌地	78	14.1	S_1	S_1	S_1	S_1:适宜
Ⅱ	平缓掌地、水平梯田	177	32	S_2	S_1	S_1	S_2:比较适宜
Ⅲ	梁坡缓坡地	132	24	S_3	S_2	S_2	S_3:勉强适宜
Ⅳ	梁峁坡地、阴坡陡坡地	88	16	N	S_3	S_2	N:不适宜
Ⅴ	阳坡梁峁陡坡地、沟坡地	70	12.6	N	S_3	S_2	
Ⅵ	崖洼地、沟壑、粗砂地	7.0	1.3	N	N	N	
	合计	552	100				

依据此评价结果，就可进行土地利用规划，从而确定土地利用方向、经济发展方向，最后进行效益分析，主要包括保水保土效益、经济效益、生态效益、社会效益这几大方面。

又如，《中国绿色生态住宅小区水环境技术评估体系》中对“节水率、回用率”指标评定标准的确定（表 3-9），也有助于建筑体系确定评价基准。

“节水率、回用率”评定标准示例 表 3-9

节水率	回用率	得分(满足其一)	节水率	回用率	得分(满足其一)
20%	10%	2	30%	20%	6
25%	15%	4	40%	25%	8

节水率、回用率指标：8 分。

目的：减少市政提供的水量，节约用水。

要求：节水率不低于 20%，回用率不低于 10%。

措施：按照高质高用、低质低用的原则，确定合理的计量收费标准；控制水龙头的出水压力；收集雨水回收再用，处理生活污水并回收再用，优先选用节水器具和设备。

（3）评价机制的可借鉴性。《中国城市可持续发展评价理论与实践》的作者通过对城市可持续发展系统分析，提出城市可持续发展概念模型，并以南京市为案例，从社会、经济、城市建设、资源利用及生态和能力建设等方面系统地提出了城市可持续发展的目标及对策。此评价体系将指标分为描述指标与评估指标以及预警性指标的思路，很值得我们借鉴。描述指标主要是反映实际的发展状态与发展趋势，如经济水平、人民生活质量、资源、环境质量等以及人口增长率、产值增长率、环境质量退化趋势等；评估性指标则用来评估各大系统相互联系与协调程度的指标，如人口、资源、经济、环境之间协调发展程度；而预警性指标则在城市的发展即将越出警戒状态时，能超前地提供预先警告，以便有较多的时间来控制城市发展，使其处于正常的状态下。

（4）评价工具的可借鉴性。在《中国城市可持续发展评价理论与实践》和其他一些体系中，已采用了较先进的系统动力学方法。系统动力学建模的目的在于研究系统的问题和系统内部的反馈结构与其动态行为的关系，为了改善系统行为进行结构分析和政策研究。系统动力学通过构造系统的 DYNAMO 方程来模拟系统的动态发展趋势，DYNAMO 是一种计算机模拟语言系列，借助计算机进行系统、功能与动态行为的模拟。这种方法不失为一种好方法，但需要大量的数据支持。

国内外相关学科在创建评价指标或指标体系方面，在有关指标评价值的量化方法方面都有值得我们可借鉴之处，但又不可能直接移植或搬用，需要根据我们的特点和要求，在消化吸收的基础上合理采用。

附录：国内外具有代表性的评价体系内容简介

1. BREEAM 体系

BREEAM 可以根据建筑物本身的特点确定相应的绿色评价指标。它的评价内容包括环境问题的四个主要方面：全球问题、地区问题、室内问题和管理问题。它的目的是鼓励设计者对环境问题更加重视，引导“对环境更加友好”的建筑需求，刺激环保建筑的市场；提高对环境有重大影响的建筑的认识并减少环境负担；改善室内环境，保障居住者的健康。具体内容如下：

（1）全球问题

·能源节约和排放控制

·臭氧层减少措施

·酸雨控制措施

·材料再循环/使用

（2）地区问题

·节水措施

·节能交通

·微生物污染预防措施

（3）室内问题

·高频照明

·室内空气质量管理

·有害材料管理/预防

·氡元素管理

(4) 管理问题

·环境政策和采购政策

·能源管理

·环境管理

·房屋维修

·健康房屋标准

《生态家园》(EcoHomes) 是《建筑环境评价方法》(BREEAM) 的住宅版，首次发布于2000年。它满足了近年来英国市场对住宅类建筑进行绿色生态评价的新需求。其评价内容包括能量、交通、污染、材料、水、生态与土地利用以及健康等七个大的方面。具体包括 CO_2 的年释放量；建筑外围护结构热工性能（与标准做法相比）的改进量；节能型室外照明系统的采用；场址规划使住宅接近公共交通的程度；家庭办公空间和服务设施的提供；低污染燃炉的采用；可持续木材资源的采用；可再生废物储存方式的提供；年节水量；对建设用地生态价值的影响和改变；建筑的自然采光程度；建筑物的隔声程度；半私密室外空间的提供等20多个分项。

其评分标准根据评价内容有不同规定，例如在“能量”一项中，当 CO_2 的年释放量少于 $50kg/m^2$ 时可得2分；其后每减少 $5kg/m^2$ 则可多得2分；当达到零释放量时，得20分。在“交通”一项中，80%的住户距主要公共交通站在500m以内可得4分；在1000m以内得2分，超过1000m则为0分。在“水”一项中，每年每卧室节水 $45m^3$ 可得6分；其后，每增加节水 $5m^3$，可多得4分等等。

最后的评价结果是根据总分高低，给出通过、好、很好、优秀四个不同等级的证书，由于英国建筑师协会的参与，该证书在英国具有相当的权威与有效性。

BREEAM评价体系的推出，为规范绿色生态建筑概念以及推动绿色生态建筑的健康有序发展做出了开拓性的贡献。至今，它不仅在英国以外（例如中国香港的HK-BEAM）发展了不同的地区版本，而且成为各国建立新型绿色生态建筑建筑评价体系所必不可少的重要参考文献。

2. LEED体系

LEED是一套自评价系统，它包括了选择可持续发展的建筑场地、节水、能源和大气环境、材料与资源、室内环境质量、创新和设计过程等六个大的方面。LEED还有参考指南，提供了LEED所包含的五个环境目录中的详细信息、资源及标准。其中不仅解释了每一个子项的评价意图、预评（先决）条件及相关的环境、经济和社区因素、评价指标文件来源等，还对相关设计方法和技术提出建议与分析，并提供了参考文献目录（包括网址和文字资料等）和实例分析。具体内容如下：

(1) 选择可持续发展的建筑场地

·前提条件：冲蚀和沉积控制（必须的）。得分点：1）建筑选址；2）城市改造；3）褐地再开发；4）可供选择的交通设施；5）减少对场地的扰动；6）雨水管理；7）利用园林绿化和建筑外部设计以减少热岛效应；8）减少光污染。

（2）节水

得分点：1）节水景观设计；2）废水创新技术；3）节约用水。

（3）能源和大气环境

·前提条件1：基本建筑系统调试启动（必须的）；前提条件2：最低能源消耗（必须的）；前提条件3：减少暖通空调制冷设备（HVAC）中的氟氯烃（CFC）（必须的）。得分点：1）优化能源使用；2）可再生能源；3）其他调试启动；4）禁止使用含氢代氟氯烃类化合物（HCFCs）和卤盐（Halons）的产品以减少臭氧；5）计量和核准；6）绿色电能。

（4）材料和资源

·前提条件：可回收物质的储存和收集（必须的）。得分点：1）旧建筑的更新；2）施工废物管理；3）资源再利用；4）可循环使用的物质；5）就地取材；6）可快速再生的材料；7）使用经过认证的木材。

（5）室内环境质量

·前提条件1：室内空气质量（IAQ）的最低要求（必须的）；前提条件2：控制环境中的烟草烟雾（ETS）（必须的）。得分点：1）CO_2 监测；2）提高通风效率；3）施工现场室内空气质量管理方案；4）低挥发材料；5）室内化学品和污染源控制；6）系统可控度；7）热舒适度；8）天然采光和视野。

（6）符合能源和环境设计先导（LEED）的创新

得分点：(a）设计创新；(b）LEED职业评估。

LEED的评价结果是根据得分（满分为69分）高低，给出通过（26～32分）、铜质（33～38分）、金质（39～51分）、白金（52分以上）四个不同等级的证书。由于美国绿色建筑委员会的权威性，该证书也具有相当的权威与有效性。

3. GBTool体系

GBTool对建筑的评定内容包括从各项具体标准到建筑具体性能。它的环境性能评价框架是按级分成4个标准层次。从高到低这4个标准层次包括：环境性能问题、环境性能问题分类、环境性能标准、环境性能子标准。GBTool从7个环境性能问题入手评价建筑的“绿色”程度：资源消耗、环境负荷、室内环境质量、服务质量、经济性、使用前管理和社区交通。其中前四项是GBTool的核心指标，在评价中参照定量的评价基准进行评分；而经济性和使用前管理则没有定量标准，也不必给出定量评分，只是在评估报告中用文字进行描述，作为评估的参考；社区交通则还在实验阶段。具体内容如下：

（1）建筑物对资源的消耗：包括能源的消耗、土地的利用与土地质量的变化、饮用水的净消耗、建筑材料的消耗以及3R材料的利用情况等。本项目权重：20％。

·能源的消耗。包括建筑物在全寿命周期内对各种能源的消耗，如建设建筑物所需的各种材料对能源的消耗（含制造与运输）、项目自立项开始至建筑物报废后用于建筑物的规划、设计、建设、运行、维护、保养及建筑废弃物的回收、运输、处理等所消耗的能源。本分项目权重：30％。

·土地的利用与土地质量的变化。指建筑物的用地情况、建筑物的净用地面积、开发用地区的生态价值的变化、开发用地区的农业价值的变化以及开发用地区的娱乐价值的变化等。本分项目权重：20%。

·饮用水的净消耗。指建筑物在建设与运行全过程中对饮用水的消耗情况。本分项目权重：20%。

·建筑材料的消耗。指建筑物在建设与运行全过程中对所有建筑材料的消耗，含因地制宜、就地取材的材料使用情况。本分项目权重：15%。

·3R材料的利用。包括建筑物在建设与运行全过程中3R材料（特指可循环使用材料、可重复使用材料及可再生材料）的使用情况。本分项目权重：15%。

(2) 环境负荷：指建筑物在建设与运行全过程中，排放到环境中的各类污染物，包括气体、液体、固体污染物及建筑垃圾、酸雨问题、光氧化剂问题、NO_x类物质的排放、有毒有害污染物的排放、电磁污染情况以及对周边环境的影响等内容。本项目权重：20%。

·建筑材料生产过程中产生的环境负荷。指建筑物在建设与运行全过程中所需的各种建筑材料与产品，其在生产、制造及运输过程中排向环境中的各类污染的情况。本分项目权重：20%。

·建设过程中的温室气体排放。指建筑物在建设与运行全过程中，向环境中排放的温室气体（特别是对臭氧层产生破坏作用）的情况。本分项目权重：15%。

·酸雨问题。包括建筑物在建设与运行全过程中，导致酸雨形成气体的排放情况。本分项目权重：10%。

·光氧化剂问题。指建筑物在建设与运行全过程中，由于光氧化剂的排放导致光污染的情况。本分项目权重：10%。

·NO_x类物质的排放。指建筑物在建设与运行全过程中，NO_x类物质的排放情况。本分项目权重：5%。

·固体废弃物的排放。指建筑物在建设与运行全过程中，各类固体废弃物的排放情况。包括生活垃圾和各种建筑垃圾以及建筑物报废后产生的不可回收的垃圾。本分项目权重：10%。

·液体污染物的排放。指建筑物在建设与运行全过程中，排向环境中的各种液体污染物的情况，包括建设地点的生活污水的处理及雨水的收集与利用等。本分项目权重：10%。

·有毒、有害污染物的排放。指建筑物在建设与运行全过程中，各种有毒、有害污染物的排放情况。本分项目权重：5%。

·电磁污染情况。指建筑物在建设与运行全过程中产生或受到的电磁污染情况。本分项目权重：5%。

·对周边环境的影响。指建筑物在建设与运行全过程中对周边环境的影响情况，含对开发地点的生态环境质量、周边建筑物通风、采光、日照、噪声、热辐射及视觉景观的影响。本分项目权重：10%。

(3) 室内环境质量：是指建筑物内的空气质量与通风、热舒适度、采光与光污染防治水平及声学效果与噪声控制情况等。本项目权重：20%。

·空气质量与通风。包括建筑物室内的空气湿度控制、室内的污染物控制（如装修材料中的石棉含量、挥发性有机物的浓度、空气传播的污染物的含量、放射性强度、暖通空调系统的室外空气质量及暖通空调系统的空气过滤系统等）、新通风量及通风效果等。本分项目权重：30%。

·热舒适度。包括建筑物室内的空气温度、相对湿度及空气对流速度等。本分项目权重：30%。

·采光与光污染防治水平。包括建筑物室内的采光面积、人均采光面积、室内眩光控制及光污染防治等。本分项目权重：25%。

·声学效果与噪声控制。包括建筑物外围的噪声滞留时间、建筑设备的噪声传递及室内噪声的相互干扰等。本分项目权重：15%。

（4）服务质量：指建筑物的可改造性及对未来的适应性，包括设备控制系统、维护与管理、私密性与视觉景观、娱乐设施质量与公建配套情况等。本项目权重：15%。

·建筑物的可改造性及对未来的适应性。包括建筑物的设备系统（如 HVAC 系统、照明系统、通信系统等）对未来用途变化的适应性、建筑物结构对未来用途变化的适应性、建筑物层高对未来用途变化的适应性、建筑物楼板承载负荷对未来用途变化的适应性以及未来能源供应系统发生变化时的适应情况等。本分项目权重：25%。

·设备控制系统。包括建筑物技术系统的控制，供热、制冷系统的控制，电梯运行控制情况等。本分项目权重：25%。

·维护与管理。包括对易损坏设备、材料的保护，建筑物的日常维护与管理，应对突发事件的能力及建筑物运行情况的监控等。本分项目权重：25%。

·私密性与视觉景观。包括卧室、起居室的私密性，主要起居与活动空间的视觉景观等。本分项目权重：25%。

·娱乐设施质量与公建配套。包括居民与工作人员的休闲、娱乐场所的建设情况、停车场的面积及质量等。本分项目权重为 0。

（5）全寿命周期的经济评价：在 GBTool 中，对建筑物的全寿命周期的经济评价内容有所涉及，但各国分歧较大，评价内容尚处于研究讨论阶段。本项目权重：10%。

·建筑物全寿命周期的总成本评价。本分项目权重：33%。

·建设成本评价。本分项目权重：33%。

·运行与维护成本评价。本分项目权重：33%。

（6）管理：主要是对建筑物在建设过程中的管理情况的评价，包括建设过程规划、设计、施工管理、建设文件的整理与归档、人员培训及售卖合同的制定等。本项目权重：10%。

4.《绿色生态住宅小区建设要点与技术导则》体系

《绿色生态住宅小区建设要点与技术导则》从小区的九大系统来评定生态小区的“绿色”程度，如表 3-10 所示。

我国最大城市——上海市为了配合生态城市的创建，加强上海市住宅小区的生态环境建设与提高住宅建设质量和居住环境质量，根据国家可持续发展战略和上海市住宅产业现代化发展“十五”计划纲要的精神，参考了世界各国在生态住宅建设方面的标准和技术，以及我国建设部“绿色生态住宅小区建设要点与技术导则”、“中国生态住宅技术评估手册”，结合该市具体情况，制订了《上海市生态住宅小区技术实施细则》（试行）（以下简称《细则》）。该《细则》的总体目标：以科技为手段，可持续发展为宗旨，推进和规范生

评价体系 **表 3-10**

序号	九大系统	指标内容	生态小区指标
1	能源系统	(1)新能源、绿色能源(如太阳能、风能、地热能、废热资源等)的使用率达到小区总能耗的	10%
		(2)建筑节能达到(北方采暖地区)	50%
		(3)其他节能措施节能达到	5%
2	水环境系统	(1)管道直引水覆盖率	自选
		(2)污水处理达标排放率	100%
		(3)水回用达到整个小区用水量的	30%
		(4)建立雨水收集与利用系统	√
		(5)小区绿化、景观、洗车、道路喷洒、公共卫生等用水使用中水或雨水	√
		(6)节水器具使用率应达到	100%
3	气环境系统	(1)小区内空气环境质量标准	二级
		(2)小区内限制使用对臭氧层产生破坏作用的 CFC11 类产品	√
		(3)住宅中有自然通风房间占	80%
4	声环境系统	(1)小区声环境:白天	≤50dB
		夜间	≤45dB
		(2)小区室内声环境:白天	<45dB
		夜间	<40dB
5	光环境系统	(1)小区光环境:道路照明	15～20lx
		住宅日照:执行规范	GB 50180—93
		(2)小区室内光环境:	
		1)自然采光房间数	80%
		2)无光污染房间数	100%
		3)节能灯具使用率	100%
6	热环境系统	(1)绿色能源作为冷热源比例	10%
		(2)推广使用采暖、空调、生活热水三联供的热环境技术	√
7	绿化系统	(1)小区的绿化应与居住区的规划同步进行,有良好的生态及环境功能	√
		(2)小区绿地率	≥35%
		绿地本身的绿化率	≥70%
		(3)硬质景观中自然材料占工程量	20%
		(4)种植保存率(成活率)	≥98%
		优良率	≥90%
		(5)雨水应储蓄并加以利用,雨水储蓄率	√
		(6)垂直绿化面积达到绿化总面积的	20%
		(7)植物配置的丰实度:	
		1)乔木量:_株/$100m^2$ 绿地	3
		2)立体或复层种植群落占绿地面积	≥20%
		3)植物种类:	
		三北地区木本植物种类	≥40 种
		华中、华东地区木本植物种类	≥50 种
		华南、西南地区木本植物种类	≥60 种

续表

序号	九大系统	指 标 内 容	生态小区指标
8	废弃物管理与处置系统	(1)生活垃圾收集率 分类率	100% 70%
		(2)生活垃圾收运密闭率	100%
		(3)生活垃圾处理与处置率	100%
		(4)生活垃圾回收利用率	50%
9	绿色建筑材料系统	(1)墙体材料中 3R 材料的使用量应占所有材料的	30%
		(2)小区建设中不得使用对人体健康有害的建筑材料或产品	√
		(3)建筑物拆除时,所有材料的总回收率达到	40%

态住宅建设和提高住宅产业现代化水平为目标。以新建住宅小区为载体，全面提高住宅小区节能、节水、节地、治污的总体水平，从而实现社会、经济、环境效益的统一。

该《细则》分为六个子系统：小区环境规划设计、建筑节能、室内环境质量、小区水环境、材料与资源、废弃物管理与收集系统。对于每一子系统给出了评分标准；采用基本分和附加分的形式，各系统总分为 500 分。上海市生态住宅小区暂分 3 级：金牌、银牌、铜牌，铜牌为生态住宅小区的最低级别。局部子系统有特殊的评估标准。各系统达到基本条件才可以申报创建，小区建成后进行测评、验收。铜牌：须获得 300～350 分；银牌：须获得 350～400 分；金牌：须获得 400 分以上。测评、验收通过后，予以公告、挂牌。

5.《现代房地产绿色开发与评价》体系

《现代房地产绿色开发与评价》从 11 个方面对绿色生态小区环境性能进行评价，具体包括：

指标 A：能源系统。因素：(1) 新能源、绿色能源的利用率；(2) 建筑节能比例；(3) 其他节能措施节能比例；(4) 生命周期中能源利用量。

指标 B：水环境系统。因素：(1) 污水处理达标排放率；(2) 创新的废水处理技术；(3) 中水回用率；(4) 雨水利用率（包括地下水补充）；(5) 水质标准。其分因素为：1) 管道直饮水覆盖率；2) 供水水质；3) 供水水压；4) 人造景观水体水质；5) 中水水质；(6) 节水器具使用率。

指标 C：气环境系统。因素：(1) 室内空气环境。其分因素为：1) 臭氧损耗；2) 温室气体散发物；3) 导致酸化的气体散发物；4) 通风效率；5) 挥发、放射性材料；6) 温度控制；7) 湿度控制。(2) 小区空气环境。其分因素为：1) 总悬浮颗粒物 TSP；2) 施工污染控制水平。

指标 D：声环境系统。因素：(1) 小区声环境。其分因素为：1) 白天噪声等级；2) 夜间噪声等级。(2) 室内噪声和声响。其分因素为：1) 白天噪声等级；2) 夜间噪声等级。

指标 E：光环境系统。因素：(1) 小区光环境。其分因素为：1) 小区自然采光的面积比例；2) 道路照明；3) 住宅日照；4) 小区光污染；(2) 室内光环境。其分因素为：1) 日照房间比例；2) 自然采光房间数；3) 无光污染房间数；4) 室外景观的视觉可达性；5）视觉私密性；6）使用节能灯具。

指标F：热环境系统。因素：(1) 住宅的采暖、空调及热水供给中绿色能源的利用比例；(2) 采暖、空调、生活热水三位一体的热环境技术应用覆盖率。

指标G：绿化系统。因素：(1) 绿地率及绿地绿化率；(2) 生态铺地占硬质地面的比例；(3) 硬质景观中自然材料的使用量；(4) 种植成活率及优良率；(5) 雨水滞蓄率（五年一遇）、滞蓄时间；(6) 垂直绿化面积比率；(7) 植物配置丰实度，其分因素为：1）乔木量；2）植物多样性；(8) 碳氧平衡。

指标H：废弃物管理与处置系统。因素：(1) 生活垃圾收集率、分类率；(2) 生活垃圾收运密闭率；(3) 生活垃圾处理与处置（堆肥）率；(4) 生活垃圾回收利用率。

指标I：绿色建筑材料系统。因素：(1) 墙体材料中3R材料的使用比例；(2) 各子系统的建设中3R材料的使用比例；(3) 设备系统中3R材料的使用比例；(4) 有害建筑材料的使用；(5) 建筑物再利用；(6) 资源再利用；(7) 当地/地区材料。

指标J：可持续发展的现场。因素：(1) 开发现场的选择。其分因素为：1）现场空气环境质量；2）现场生态环境。(2) 交通条件。其分因素为：1）机动车可达性；2）公共自行车道的具备；3）到公共交通车站的距离；4）公共交通的服务班次。(3) 与场地及周边建筑物的协调性。其分因素为：1）土地生态价值的改变；2）建造阶段对场地生态环境的影响；3）建筑高度导致局部风速变化对邻近建筑产生影响；4）对邻近建筑的日照影响；5）对邻近建筑的噪声影响。

指标K：绿色管理。(1) 开发商是否通过ISO 14000；(2) 开发商环境管理体系建设。

6.《绿色奥运建筑评估体系》

《绿色奥运建筑评估体系》按照全过程监控、分阶段评估的指导思想，评估过程由4个部分组成。具体内容如下：

第一部分：规划阶段

- 场地选址
- 总体规划环境影响评价
- 交通规划
- 绿化
- 能源规划
- 资源利用
- 水环境系统

第二部分：设计阶段

- 建筑设计
- 室外工程设计
- 材料与资源利用
- 能源消耗及其对环境的影响
- 水环境系统
- 室内空气质量

第三部分：施工阶段

· 环境影响
· 能源利用与管理
· 材料与资源
· 水资源
· 人员安全与健康

第四部分：验收与运行管理阶段

· 室外环境
· 室内环境
· 能源消耗
· 水环境
· 绿色管理

7. 我国台湾地区的《绿建筑解说与评估手册》体系

我国台湾地区的《绿建筑解说与评估手册》从七大指标来评估“绿建筑”，如表3-11所示。

指标体系表格　　表3-11

气候	水	土地	能源	资材	指标群	评估项目
*	*	*	*		(1)绿化指标	CO_2 固定量(kg/m^2)
*	*	*			(2)基地保水指标	保水率(%)
*			*		(3)日常节能指标	ENVLOAD、Req、PACS、其他节能措施
*		*	*	*	(4)CO_2 减量指标	建材生产 CO_2 排放量(kg/m^2)
*		*		*	(5)废弃物减量指标	营建空污量、弃土量、拆除营建废弃物得分
	*				(6)水资源指标	节水量(L/人)、节水器材使用比例
	*			*	(7)污水垃圾改善指标	杂排水接管及垃圾储放处理

（1）绿化指标的评估

此手册采用独创的“植物 CO_2 固定效果”作为绿化指标，针对建筑环境中的空地、阳台、屋顶及壁面进行全面绿化设计的评估，鼓励绿化多产生氧气、吸收 CO_2、净化空气，进而达到缓和都市气候高温化现象、改善生态环境、美化环境的目的。

（2）基地保水指标的评价

基地的保水性能就是建筑基地涵养水分及贮留雨水的能力。基地保水设计主要分为两大部分，一是“直接渗透设计”，二是“贮留渗透设计”，基地的保水性能愈佳，基地涵养雨水的能力愈好，有益于土壤内微生物的活动，进而改善土壤有机品质并滋养植物，对生态环境有莫大助益。

其中直接渗透设计措施有：1）裸露土地设计；2）透水铺面设计；3）渗透排水管设计；4）渗透窨井设计；5）渗透侧沟设计。

贮留渗透设计措施有：1）人工地盘花园贮留设计；2）地面贮留渗透设计；3）地下砾石贮留渗透设计。

（3）日常节能指标

建筑物的生命周期长达四五十年之久。从建材生产、营建运输到日常使用维修、拆除等各阶段，皆消耗不少的能源。其中尤其以长期使用的空调、照明、电梯等日常耗能量占最大部分，此项指标就限定在此范围，有别于建材生产能源等日常耗能以外的能源，包括与其相关的建筑外围护结构、空调及照明设计的能源效率为主要评估对象。

（4）CO_2 减量指标

建筑产业的耗能主要包括空调、照明、电机等“日常使用能源”，也包括使用于建筑物上的各种建材的“生产能源”。此指标所指 CO_2 减量，乃是指所有建筑物躯体构造的建材在生产过程中所使用的能源而换算出的 CO_2 排放量。其最大影响因素在于建筑轻量化、结构合理化与再生建材的使用。

（5）废弃物减量指标

建筑施工所引起的污染项目甚多，此指标着眼于工程平衡土方、施工废弃物、拆除废弃物之固体废弃物以及施工空气污染等四大营建污染源，采用实际污染排放比率来评估其污染程度。

（6）水资源指标

本指标以建筑物实际用水量与岛内一般建筑物平均用水量之比例来评价。对于居住类建筑评价包括厨房、浴室、水龙头的用水；对于用水量统计不明的其他类建筑则改以省水器材使用比率来评价。本指标以两成的节水比例为目标，对于雨水、中水再利用则采取额外的优惠计算来评价。

（7）污水垃圾改善指标

关于污水处理设施及垃圾清运系统，岛内已有严格的法令规范，本指标是为了充分辅佐现有污水及垃圾处理系统的功能，在建筑物设计中应配合的空间环境设计及使用管理系统的水准，着重于建筑空间设施及使用管理相关的具体评价项目，是一种可让业主与使用者在环境卫生上可以具体控制而改善的指标。分为污水指标和垃圾指标两项。

8. 我国香港地区的 HK-BEAM 体系

我国香港地区的 HK-BEAM 与英国的 BREEAM 一样，评价系统也包括以下三个主要方面。

（1）全球环境问题和资源使用

- 整体环境问题
- 能源采购政策
- 能源管理程序
- 电能消耗
- 臭氧减少物质
- 循环使用材料的设施

（2）地区问题

- 电力最大需求
- 水资源保存
- 冷却塔细菌
- 建筑物噪声
- 交通和步行通道

· 服务及废弃物处理的车辆通道
· 建筑物维修
(3) 室内环境问题
· 建筑物设备系统运行和维护
· 计量和检测设备
· 生物污染
· 室内空气质量
· 矿物纤维
· 放射性元素氡

4 绿色住区综合评价指标体系及评价方法

4.1 研究背景——绿色建筑体系与基本聚居单位模式研究

1997～2001 年期间，由周若祁教授主持的国家自然科学基金委员会“九五”重点资助项目“黄土高原绿色建筑体系与基本聚居单位模式研究”，开展了对绿色建筑的系统性、基础性研究。课题组以建设黄土高原绿色建筑体系为目标，通过对人、自然与建筑相互作用的历史过程的研究，探索“生产—生活—生态”复合系统的运行机制，寻求绿色技术支撑下的住区模式和可持续发展的调控机制，并以中国陕西延安枣园作为试验基地，建设绿色住区示范工程，为进一步建立适宜于中国可持续发展的住区模式提供了科学依据。“绿色住区综合评价的研究”课题即为其中一个重要的子项。

因为在规划设计理论和方法的研究中，必然要求建立量化的指标体系，在绿色住区模式的建构中，必然要对其在多元目标下进行优化选择。这样就需要建立一个科学的、合理的绿色住区综合评价指标体系，既适用于系统分析阶段方案“非劣解集”获得时的评价，也适用于系统设计阶段最优方案选择时的评价，同时也可对已建成的绿色住区进行评价。

通过绿色建筑体系的研究和对实例的验证，我们认识到绿色住区是一个高度复杂的系统，运用系统工程来分析绿色住区就是把它作为一个功能整体，不仅仅是构成因素之间的简单关联，而是将其作为以自然协调为核心、人类参与的系统。对于绿色住区这样的复杂系统，从控制论的角度来看，没有必要把其中的每一种关系都搞清楚，只需把精力集中于系统功能调节上，针对其中的关键性因素加以调控，而不是要素的细节关系上。故所建立的综合评价指标体系，并不包括一般住区评价的所有评价因素，而着重于是否满足“绿色”方面来考虑。

由于原课题的基础以及考虑我国国情的现实性，本书构建的理论框架适当地偏重于乡土型的绿色住区综合评价。而且，乡土型的绿色住区对于国土层次的人居环境更具有深远的意义。

绿色住区的复杂性、不稳定性决定了我们不可能获取足够的微观信息来完全确定它未来的状态。绿色住区虽然本身也可看作是物理系统，可它却是一个自组织、自调节的开放系统，是一个有人参与的、受人控制的主动系统，其目标是多维的，参数亦是粗糙的、不确定的。故作者在综合评价中采用灰色、模糊的理论方法来进行量化亦是合理的选择。

同时，我们不应忽视地域特点。任何地域建筑，都离不开诸如气候、资源、地理、生物等自然因素和经济、技术、文化、风俗等人文因素的影响，这些因素所承载的信息因地因时而异。地域建筑对不同因素的应对，如同生物一样反映着特定地域遗传信息的特质，其生成、生长规律与生物基因调控机制存在着“异质同构”现象，地域建筑应该是与特定环境和谐共生的有机生命体。故作者借鉴、运用生物基因的科学原理，从深层次把握其生成与发展机制，利用和发掘“地域基因”概念下的“适宜技术”，充分地对其内涵进行了延伸和诠释。绿色人居体系的“地域基因”对环境的应对，不仅仅是消极被动的改良，而是一个积极的创造过程。

4.2 建立绿色住区综合评价指标体系的基本思路

绿色建筑体系不同于既往的建筑体系，而是将建筑视为一个“社会—经济—自然”复合生态系统；一个自组织、自调节的开放系统；一个有人参与、受人控制的主动系统。其侧重研究点除了既往建筑有关形式与功能、结构等一般问题外，更多地注意建筑系统的能量传递和运动机理，其设计目标是多元的。绿色建筑体系以普遍联系的、动态协调的整体观代替了分离的、静止的思维定势；以环境互融共生的建筑思维代替那种以改造环境为目标的建筑模式；传统的建筑经济评价标准也让位于综合效益的评价。

本书所述及的绿色住区，即是将住区的生活环境放到整个自然的生态系统中来考察，将传统意义上的生活环境概念延伸到整个生态系统的和谐与统一之中，追求个体意义上的生活品质与人类整体意义上的生存价值之间的利益平衡。并在强调物质环境上与自然和谐统一的同时，在精神层面上追寻地域传统的文脉和价值。绿色住区的规划与建设，必然会引起人们审美价值的改变，促使规划设计工作者摆脱设计手法与风格的表象束缚，而回归到更本质层面的思考——关注环境、以人为本、以环境为本。

笔者近年来参阅了许多有关绿色建筑或相近学科综合评价方面的文献，同时也深入不少城乡进行实地考察，发现有关文献中所评价的对象多限定于单体建筑或最大延伸到一个居住小区。从系统论的观点来看，许多评价因素不是一个单体或一个小区所能决定的，如水土保持、生态环境监管等，必须在更大的人类聚居单位中来进行考虑。

其次，国内外已有文献中的综合评价指标体系由于各自的具体情况不同，几乎没有评价地域传统文脉和价值的有关内容，从而造成了内容的欠缺；“绿色建筑综合评价”的系统目标和价值所涉及的，并为国际上普遍倡导的“促进环境持续发展”和“保护人类健康”两大主题的内容及要求亦是不完整的，因此综合评价难以落实。

另外，已有文献的大多数很少涉及“经济性评价”方面的内容，或虽有涉及但仅讨论到“全寿命费用”的指标为止，没有考虑有关环境保护的投入产出的经济性评价；且已有文献未紧密结合我国国情，较少考虑“适宜技术”的应用问题。故此我们在考虑绿色住区综合评价指标体系时，特别注重了以下相关内容的探讨。

（1）本书研究对象限定为“住区”，改变当前国内外绿色建筑综合评价仅只停留在单体建筑或居住小区范畴上做文章的“套路”，从社区的概念出发来诠释绿色住区的本质和特点。

在乡土型的绿色住区中，就我国广大的农村人居环境而言，“村镇”这一基本聚居单位不只是住宅等建筑实体，而是包含其土地和附属物的整体，涉及到绿色建筑体系的诸多主要影响因素，具有一定的完整性和系统的相对独立性；且从整体住区环境到单体建筑，大多是结合当地气候、环境、经济、文化的产物，能与自然共存，传统文脉清晰，地方特征鲜明；并利用自然，依靠自身机制发挥其功能，住区有着自身环境生成生长的客观规律以及调控机制，即体现“生活、生产、生态”三位一体的空间模式。

对城市而言，我们认为有关绿色住区的研究对象可以是较大范围的人居“社区”所包含的区域。“社区”作为一个社会学概念，是一定区域内居民生活的共同体。一方面，它强调社区对居民日常生活的满足与服务；另一方面，它也指居民对生存空间的体验和依靠。绿色住区不仅关心绿色技术层面的设计，也关心城市社会的资源分配与合理使用等更深层面，更注意社区居民的积极参与，保护好城市生态的、历史的、文化的环境。

(2) 补充和增加了有关经济性与文化性综合评价的内容

建筑是一种产品，其投资、能源消耗等经济性指标不仅仅反映在初始建设时一次性投资中，更多地反映在使用期的维修管理费、能源消耗费以及报废拆除费等寿命周期费用上；另外，传统经济学认为没有劳动参与的东西就没有价值，因此，在实践应用中，自然资源和环境常常是无价或低价的，资源和环境损失没有被纳入经济核算，尤其是成本核算中去。这种产品高价、原料低价、资源和环境无价的经济价值体系，直接导致了掠夺性开发自然资源、破坏生态环境，高能耗、高物耗的粗放型生产方式以及高消费、高享受的消费方式的非持续发展行为。因此，重新认识资源与环境的价值，提高关于资源与环境价值评价的认识水平，是当前的迫切需要。为此，本书不仅增添了全寿命周期费用的经济性评价指标，在国内外有关绿色建筑领域的综合评价中首次引入了环境保护投入、产出的经济性评价指标。

现代社会正由以人类中心主义为价值取向的文化转型为人与自然和谐发展的文化，绿色建筑体系强调走向顺应人和自然和谐关系的发展方向。在未来，要建成高质量的可持续发展的人居环境，包括住区在内的城乡综合体应是建筑历史环境合理发展的有机整合，即与当时当地它所处环境的自然与人文条件密切相关，所以因地而异，具有独特的场所感及认同性，使人感到亲切，起到满足生理功能以外的精神功能要求的作用。因此，我们在地域性评价中充分重视评价历史文化生态平衡的有关指标。

(3) 结合国情，提倡适宜技术的应用

至今为止，几乎所有国内外涉及绿色建筑或住区的综合评价都缺乏有关“适宜技术”的内容，这不符合我国还是一个发展中国家特别是当前还具有广大范围的农村及小城镇的国情。在国际建筑师联合会（UIA）第 20 次大会最后发表的《北京宪章》中指出：世界各地“技术发展并不平衡，技术的文化背景不尽一致，21 世纪将是多种技术并存的时代”，高技术、适宜技术与传统技术将各显其能，“因此每一个设计项目都必须选择适合的技术路线……”其中，适宜技术尤其在发展中国家起着重要作用。我国近一二十年来，一些缺乏责任感的外国建筑师给中国带来了“无数资源浪费型建筑”，而且国内的大批建筑仿而效之。实践将证明，距经济有效的原则太离谱，无视各种制约条件而去粗糙模仿高技派或高技术的外表特征，终究是要吃大亏而背上沉重的包袱的。

所谓适宜技术，主要体现在它强调技术选择上的经济性、本土性、技术水平的适应性等特征。适宜技术类似于英籍德国经济学家舒马赫（E. F. Schumacher）提出的“中间技术”模式，具体讲，这种技术是较少资金投入的（比落后国家的简单技术多，比工业国家的先进技术少）技术；是适于发展人的创造性的、帮助人而不是替代人的技术；是与环境有良好相互作用的低消耗的技术；是适合地域或社区情况的、由本地人利用本地材料为本地人生产的技术。在生态建筑的诸多技术路线中，“适宜技术”以其造价低廉、经济效益较好、注重本土文脉、就地取材、针对当地气候条件、多采用被动式能源策略而得到发展中国家的广泛重视。

应该看到，采用适宜技术和高科技之间并不矛盾，前者并不妨碍对国外先进科学技术的吸收，它们在建筑技术的不同层面上同时发挥着作用，地方技术也将整合于全球建筑技术的大循环中。对于大多数的中小城市和乡镇来说，由于经济和地理环境的制约，走一条采用适宜技术的道路无疑是一种明智的选择。即使在建筑水平相对较高的地区，不同建筑的地位和重要性也是不同的。但现有部分建筑师忽视了这种技术上的层次性，盲目地追求高技术含量和高技术表现，不分时空差异将国外的建筑抄袭、引进，产生了建筑创作层次上的混乱。我们要努力纠正这种错误倾向，应该采取积极、理性的态度，争取用适宜技术和先进科学技术相结合，创造出我国优秀的绿色建筑来。

4.3 绿色住区综合评价指标体系——AHP模型

基于系统设计法的思维，复杂系统多目标的特点决定了系统往往要达到多个、有时是相互矛盾的目标。因此，要从彼此不同的方案中选出最优的方案，首先就要针对所研究问题的性质和范围，选择若干单项评价指标（或按性质又划分为一些大类指标）组成系统评价指标体系。指标体系的确立应遵循三个相统一的原则，即系统性与层次性相统一、可比性和可靠性相统一、动态性与静态性相统一。

人居环境包括经济社会、自然生态、人工物质三大子系统，它既有物质的环境又有精神的环境，既包括家庭的又包括社区、城镇区域各层面相关因素。但从可持续发展的人居环境研究角度，并不包括这三大子系统的全部内容，而主要是影响人类居住环境的可持续发展的人口、资源、环境的协调及其可支撑（可滋养）的要素即土地、水、能源等的给养以及减轻废弃物对环境的负担等。同样，这里我们要强调说明的是本指标体系主要从评价住区是否为“绿色”或接近“绿色”的总目标出发，故并不详细包括一般住区设计时所要考虑的全部设计指标内容；同时，为适应我国国情，本指标体系更多地考虑乡土型绿色住区所涉及的问题和内容。

绿色住区综合评价指标体系的总目标，着眼于资源与能源的有效利用、材料与建造方法的无害性与经济性、高质量的人居环境、弹性可变的空间体系以及对地方技术及建筑历史的尊重，同时也充分重视历史文化生态的平衡，对住区建设质量进行全面的综合评价。综合评价采用定性与定量相结合、以定量化为主要手段，以确保从建筑单体到城乡整体环境逐步实现对生态系统的保护和控制。

我们利用AHP方法模型表达“绿色住区综合评价”指标体系，整个模型共分四层，由总目标层（A）、分目标层（B）、准则层（C）、基本指标层（D）四个层次组成。简化框图如图4-1所示。

本书使用国际上最流行的层次分析法来计算绿色住区综合评价指标体系各层指标的权重值；鉴于体系中许多指标的不确定性和不可精确度量性，我们在评价方法上引进了若干灰色、模糊思维的评价方法，并选用了非线性综合评价模型——改进了的“离散型逼近理想解排序法（TOPSIS方法）”，辅以基于物元分析原理的综合评价分级聚类方法或灰色关

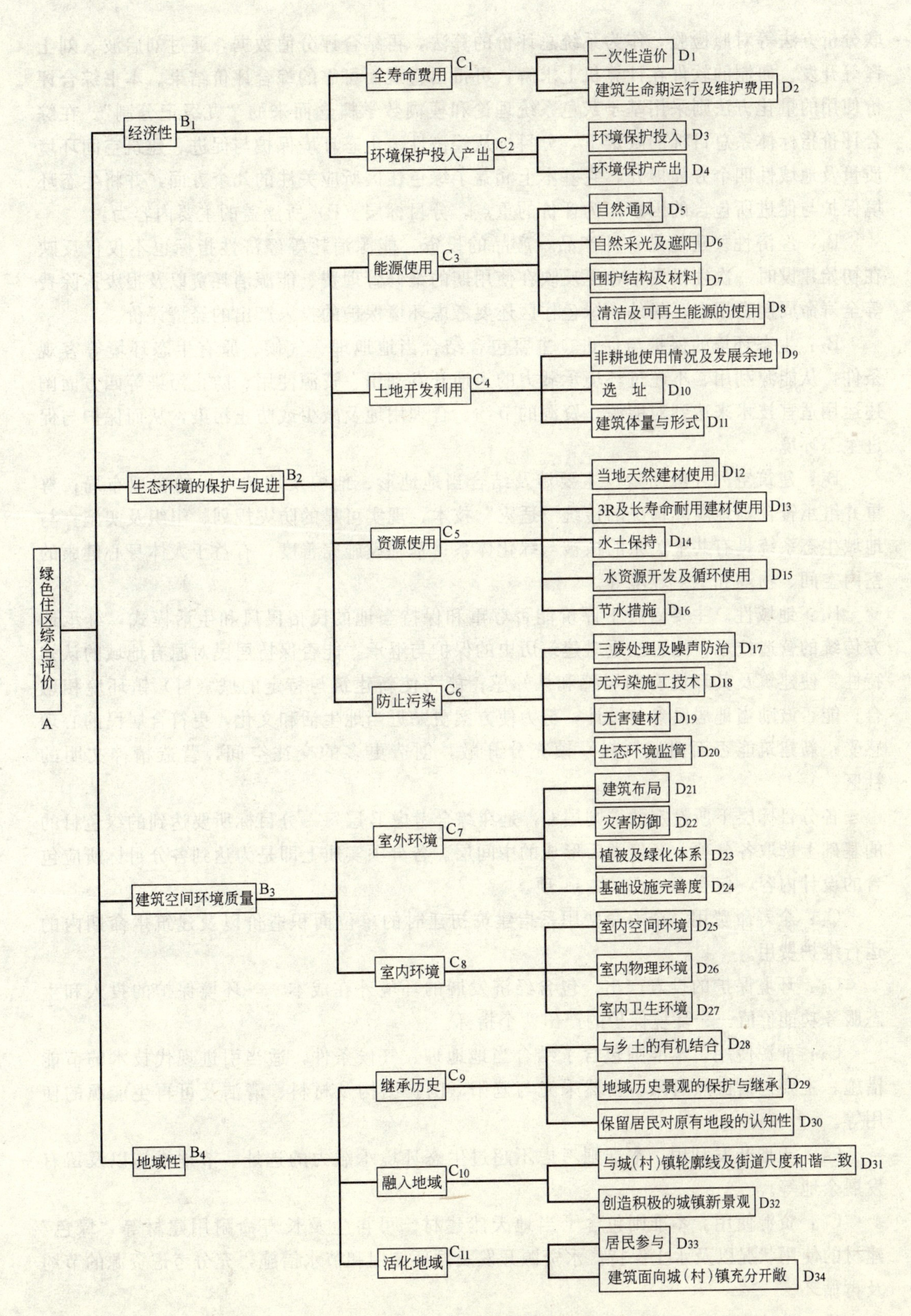

图 4-1 AHP 方法模型简化框图

联分析方法等对照检验，作为系统总评价的算法，再结合评分值数据，通过刘启波、刘士铎等开发、研制的软件在计算机上求解，可得出直观而可靠的综合评价结果。本书综合评价使用的量化方法则采用基于灰色系统理论和模糊数学概念而来的“九级记分制”。在综合评价指标体系总目标的限定下，分目标从经济性、生态环境保护与促进、建筑空间环境质量及地域性四个方面展开，它基本上涵盖了绿色住区所应关注的几个方面，并将生态环境保护与促进所包含的因素作为评价的重点。分目标层（B）所涵盖的主要内容为：

B_1：经济性。建筑是一种产品，产品的投资、能源消耗等经济性指标也不仅仅反映在初始建设时一次性投资中，更反映在使用期的维修管理费、能源消耗费以及报废拆除费等全寿命周期费用上；另外，绿色住区还要考虑环境保护的投入产出的经济评价。

B_2：生态环境的保护与促进。主要包含结合当地地理、气候、原有生态环境等客观条件，从能源利用、不超过环境承载力的土地开发利用、资源使用、防止污染等四方面阐述运用适宜技术来达到对能源、资源的节约、合理用地及减少或防止污染，从而保护与促进生态环境。

B_3：建筑空间环境质量。主要涉及结合当地地形、地貌及地域气候的合理布局；尊重并继承符合当地实际情况的传统“适灾”技术，现实可靠的防灾规划、组织及实施；与地域生态系统具有共生关系的植被与绿化体系；基础设施完善度；有益于人体身心健康的室内空间、物理和卫生环境等。

B_4：地域性。主要着眼于评价能否尊重和保持当地的民俗民风和生活模式，继承地方传统的营造技术；能否注重对建筑历史的保护与继承；能否保持居民对原有地域的认知特性，使建筑及其环境有归属感和认知感；能否使新建筑与特定的城（村）镇环境相融合；能否鼓励当地居民参与设计，努力使方案更贴近当地生活和文化，更符合居民的心理感受；新建筑能否面向城（村）镇充分开敞，创造更多的交往空间，营造精神文明的社区。

各分目标层下所设定的准则层C，是在综合考虑B层每一分目标所要达到的绿色目的的基础上选取各分项，经聚类后形成的中间层。各分项实质上即是为达到各分目标所应包含的设计内容，包含C_1～C_{11}共11项。

C_1：全寿命费用。全寿命费用系指建筑初建时的单位面积造价以及建筑生命期内的运行维护费用。

C_2：环境保护的投入产出。包含经济发展的环境外在成本——环境保护的投入和生态服务功能价值——环境保护的产出两个指标。

C_3：能源使用。本准则包含了结合当地地理、气候条件，适当引进现代技术的节能措施。主要包括自然通风、自然采光与遮阳、围护结构及材料、清洁及可再生能源的使用等。

C_4：土地开发利用。本准则考虑不超过生态环境承载力的选址、节地措施以及留有发展余地等。

C_5：资源使用。本准则包含了当地天然建材、可再生及长寿命耐用建材等“绿色”建材的使用状况以及水土保持、水资源开发及循环使用和节水措施，充分考虑资源的节约及再循环。

C_6：防止污染。系指三废处理、无污染施工技术以及无害建材的使用、环境监管系统等，使对生态环境的污染和环境排放降至最低且防止边治理边破坏。

C_7：室外环境。包含了建筑布局、灾害防御以及植被与绿化体系、基础设施完善度等。

C_8：室内环境。包含了是否有舒适宜人的建筑空间，良好的室内物理环境和不影响人体健康的卫生环境等。

C_9：继承历史。主要指对地域历史地段的保护与继承，与乡土的有机结合等。

C_{10}：融入地域。主要指与地域肌理的融合，对地域土地、能源、交通的适度使用，继承保护地域的景观特色，并创造积极的地域新景观等。

C_{11}：活化地域。系指保持居民原有生活方式、居民参与建筑设计与街区更新，保持地域的恒久魅力与活力。

基本指标层（D)。基本指标是C层的细化和具体化，实质上亦为规划与设计时的具体设计指标。基本指标的选取主要从评价住区是否为“绿色”或接近“绿色”的总目标出发，故并不详细包括一般住区设计时所要考虑的全部设计指标内容，否则将会造成主次不分、目标不明确、因素过多等缺点。

基于国情的特点，本指标体系更多地照顾到乡土型绿色住区所涉及的问题和内容。本指标体系的基本指标共有34项，每项中又包含了若干详细设计中应考虑的内容，有关内容将在后面详述。

4.4 绿色住区综合评价指标体系的特点

在建立本评价指标体系的过程中，我们着重考虑了“绿色”评价的特点和体系的开放性、层次性和综合性，以及具体评价过程的可操作性，力求使绿色住区的综合评价更为精确、全面和实用。本评价指标体系的特点可概括如下：

(1) 使用国际上最流行的层次分析法来建立绿色住区综合评价指标体系，并计算各层指标的权重值，注重评价体系的开放性。首先强调对不同地域进行“聚类分析”，表现在“权重数值”体系可适应不同的地区差异，解决地方案例，而不是全国通用的一个体系。鉴于我国幅员辽阔，各地区由于地理、气候条件及社会、经济、文化发展方面的差异大相径庭以及民族、历史背景的不同等，虽然可使用同样的综合评价指标体系，但建立全国通用的惟一“权重数值”体系是脱离实际的。故应划分为若干类地区，通过对代表各地区的有关社会、经济、地理及民族、历史情况等主要代表性特征进行分析后，赋予不同的“值”，然后通过“动态聚类分析程序”在计算机上解算而“聚类”。而以后，在实际操作中，同类地区可使用相同的“权重数值”体系。动态聚类方法的优点之一就是可预先指定若干有代表性的城、乡单元作为“凝聚中心”，从而避免了聚类可能的“失误”；其次，它是动态发展的，其各指标权重的数值可以随着人们生态环境意识的不断加强以及经济、社会的不断发展而被修正。

(2) 综合评价指标体系采用了树状分支的多层级结构形式，综合评价指标体系内容全面、完整，可多层次地进行评价。一个好的评价指标体系应该能够处理不同层次的评价，具有不同的适应性，能够处理相关的大类评价、全方位评价。我们设计的绿色住区综合评价体系力求具有这样的特点。如我们可以以总目标层A为总目标进行全方位评价，又可以以子目标层中的一个或几个为“总目标”，如以 B_2 为“总目标”，评价建筑及住区对生态环境的影响是正面的还是负面的，或以 B_1+B_2 为“总目标”，进行经济性和生态环境保护方面的评价。

(3) 系统强调综合评价。强调定量与定性相结合，充分考虑生态环境、社会人文与经济效应的协调要求，既适用于系统分析阶段方案“非劣解集”获得时的评价及系统设计阶段最优方案选择时的评价，也适用于对已建成的绿色住区进行评价。

(4) “评价值”利用模糊、灰色的量化方法，统一转换为九级记分制。

如前所述，在国外最具代表性的GBC评价方法中，所有评价的性能标准和子标准的评价等级被设定为从－2分到＋5分，评分系统中的评分标准相应也包括了从具体标准到总体性能的范围。通过制定一套百分比的加权系统，各个较低层系分值分别乘以各自的权重百分数，而后相加，得出的和便是高一级标准层系的得分值（注意：这里实际上用的是最简单的线性迭加映射模型!），由此，建筑各方面的环境性能都可以直观地以分值表示；而在国内比较有代表性的《现代房地产绿色开发与评价》一书中建立的评价体系等级分为优（E）、良（G）、及格（P）与不及格（N）四等，等级评定基准的确定一般根据国家有关法律、标准、规范、导则、数据库及行业统计数据的要求，所采取的量化方法同样是“打分”。我们采用的九级记分制更加适应建筑领域评价定量与定性相结合的特点，这在后面的具体量化方法介绍时将加以详述。

(5) 鉴于体系中许多指标的不确定性和不可精确度量性，在评价方法上引进了若干灰色、模糊思维的评价方法。特别是使用了先进的非线性综合评价模型——改进的“离散型逼近理想解排序法（TOPSIS方法）”，再辅以基于物元分析原理的综合评价分级聚类方法或灰色关联分析方法等对照检验，作为最后总评价的算法，结合评分值数据，通过我们自己开发、研制的软件在计算机上求解，得出直观而可靠的综合评价结果。

4.5 本书所使用的主要综合评价方法及量化方法

4.5.1 利用层次分析法构建综合评价指标体系及计算权重

AHP（层次分析法）是美国 T. L. Saaty 教授于20世纪70年代首先提出的一种定性与定量相结合的决策方法，在各学科领域中均有广泛应用。在绿色住区综合评价指标体系中，我们利用AHP方法把复杂问题分解为若干有序层次，并根据对一定客观事实的判断，就每一层次各元素的相对重要性给予定量表示，利用数学方法确定出表达每一层次的全部元素相对重要性次序的数值，并通过对各层次的分析导出对整个问题的分析，迄今为止，本方法在国内外几乎所有学科中均得到了广泛的应用。

层次分析法的基本思路是：首先根据问题的性质和要求达到的总目标，把问题层次化，建立起一个有序的递阶系统，本书中图4-1所示的利用AHP方法表达“绿色住区综合评价”指标体系的模型就是一例。其具体做法是：根据对问题的分析，将包含的因素聚类成组，并把它们的共同特性看做系统中新的层次的一些元素，它们也将按照另外一组特性被聚集组合，形成另一更高层次的元素，直到最终构成单一元素的最高层——总目标。在本书中，我们构建的递阶层次结构模型的最低层为绿色住区的基本设计指标（D层），再依次向上聚类形成C层和B层，直到最终构成单一元素的最高层——总目标（A层）。然后对系统中各有关因素进行两两比较评判，通过对这种比较评判结果的综合计算处理，最终把系统分析归结为最低层相对于最高层（总目标）的相对重要性权重的确定或相对优劣次序的排序问题。

建立起递阶层次结构模型后，上下层之间各因素的隶属关系就被确定了，问题即化为层次中的排序计算问题，在排序计算中，每一层次中的排序又可简化为一系列成对因素的判断比较，并根据一定的比率标度将判断定量化，形成比较判断矩阵如下：

A .	B_1	$B_2 \cdots B_n$
B_1	b_{11}	$b_{12} \cdots b_{1n}$
B_2	b_{21}	$b_{22} \cdots b_{2n}$
$\vdots$	$\vdots$	$\vdots \quad \vdots$
B_n	b_{n1}	$b_{n2} \cdots b_{nn}$

其中A为上层某一元素。

如B_i和B_j因素同样重要，则取$b_{ij}=1$；

如B_i和B_j因素稍微重要，则取$b_{ij}=3$；

如B_i和B_j因素明显重要，则取$b_{ij}=5$；

如B_i和B_j因素强烈重要，则取$b_{ij}=7$；

如B_i和B_j因素极端重要，则取$b_{ij}=9$。

2，4，6，8则为介于两种相对重要性程度之间的取值，另外，$b_{ji}=1/b_{ij}$。

判断矩阵中两两比较的赋值，是根据数据资料、专家咨询意见和分析者的认识加以综合后给出的。如我们在计算以延安地区为代表的黄土高原绿色住区综合评价指标的权重时，除分析大量调研得来的数据资料外，还向许许多多有关专家或同行发出了咨询意见调查表，由此加以综合后获得的判断矩阵中两两比较的赋值是可信度甚高的，当然，计算出来的权重也是相当准确的。

计算相对于上层某个单一准则下本层次各因素相对重要性排序问题，称为“层次单排序”，在数学上可归结为计算判断矩阵的最大特征根及其特征向量的问题，在计算数学中有多种算法可供选择。我们应用专为本课题开发研制的“AHP计算程序”，在输入有关判断矩阵的数据文件后，可快速准确地算出本层次“单排序”的各因素权重值。此“层次单排序”计算结果结合上层的各因素权重值，编制成数据文件后，调用同样专为本课题开发研制的“求组合权重计算程序”，即可算出本层次各因素相对于最高层（总目标）的相对重要性权重值，称为“层次总排序”，这样计算下去，最终必定能算出最低层各因素相对于最高层（总目标）的相对重要性权重值，达到我们预定的目的。另外，在程序中我们预先安排了在计算各因素权重值的同时，进行所谓“一致性检验”，如判断矩阵中数据缺乏“满意的一致性”，则计算机会自动发出警告，要求重新调整有关数据，这样可避免判断矩阵中可能出现的两两比较赋值过分主观或片面的谬误。

通常，在应用层次分析法时，如递阶层次结构模型的最低层为“方案”层，利用AHP程序进行计算，也可直接得到方案优劣的排序结果，但目前国内外有关专家普遍认为，在上一层（一般为“基本指标层”）元素较多的情况下，计算过程过于烦琐，且不能直接利用指标的评价值，方案排序结果不甚理想，故我们仅用它来计算“基本指标层”中各元素的权重值。

4.5.2 利用动态聚类方法进行不同大类地区的分类

动态聚类方法在本书中主要用于：通过对代表各地区的有关社会、经济、地理及民族、历史情况等主要代表性特征进行分析后，赋予不同的“值”，然后通过“动态聚类分析程序”在计算机上解算而“聚类”；对于“同类”地区，可在建立相应的判断矩阵后，应用 AHP 算法确定其仅适合于此类地区的权重体系。

聚类分析是通过分析数量关系来寻找“物以类聚”客观规律的方法，属于数理统计的多元分析。动态聚类适用于人们对样品已有一定认识、情况复杂的样品的分类。它的计算原则是：首先人为给定若干个欲形成类的中心，并且根据一定算法将样品归类，从而得到初始分类；然后对初始分类根据某种原则反复修改，直至分类比较合理为止。

（1）凝聚点的选择。凝聚点就是一批有代表性的点，是欲形成类的中心。凝聚点的选择有多种方法，我们开发的程序选用了下列两种方法：

1）在欲形成类的每一类中选择一个有代表性的样品作为凝聚点。

2）形成类的每一类中选择一部分有代表性的样品或全部样品，计算所选择样品各个指标的均值，将这些均值作为凝聚点。凝聚点的选择要凭人们的经验及专业知识去处理。

（2）初始分类。其方法是：计算样品与各个凝聚点的欧氏距离，按最近距离归类。

（3）计算新凝聚点。本程序中采用按批修改法，即计算当前各类的新凝聚点。计算方法是：计算当前各类中所有样品各个指标的均值，以这些均值作为凝聚点。

（4）重新分类。其方法与初始分类相同。

（5）反复计算新凝聚点和重新分类，直到新凝聚点与上一次分类的凝聚点重合，即停止计算。

4.5.3 模糊综合评价的运用

在国内外用得很多的多层次模糊综合评价方法，其上层与下层的联系过于死板。而实际上，由于复合生态系统作为复杂巨系统，各种因素交织在一起，很难“纯离”，而且具有多层次性，当较低层次亚系统再组成更高一级的系统之时，常产生原来亚系统所不具有的功能，因此，传统的“还原法”，即将系统切割为组分，并由各组分的分功能来研究整个系统的整个功能的研究方法，常常是不适用的。在综合评价指标体系的树状分支多层级结构形式中，下层的不少指标不仅仅从属于紧挨着它的那一个上层元素，还与上层中的其他元素有关，因此，使用多层模糊评价的模型进行计算，就会忽略了这种重要的错综复杂的关系，从而影响了综合评价的准确性。因此，本书也摈弃了用多层次模糊综合评价的模型进行总评价计算的做法，而仅仅在计算不可量化的有关各个指标的评价值时使用单层模糊综合评价的模型（具体算法见软件使用说明）。

4.5.4 本体系采用的主要综合评价方法

本书以改进的 TOPSIS 方法作为主算法。作者主张主观赋权与客观赋权相结合，以改进的 TOPSIS 方法作为主算法，而以另外一些优良的算法作为辅助算法，某些时候可用于验证，力求评价结果可靠和更符合实际。广州大学广州市系统工程研究所的秦寿康、傅荣林等最近在一篇名为“评价理论和方法的进展”的研究性论文中，对近 30 年来国内外有关综合评价领域的辉煌成就进行了归纳和综述，并从数学的角度进行了许多论证。其研究的两点结论：一是作者主张借助多种评价方法，产生出多种评价方案，为决策者进行“多中取好”创造条件，并主张力求做到定性分析与定量分析相结合、主观赋权与客观赋权相结合，使评价结果更符合实际；二是作者从数学上充分论证了 TOPSIS 方法在各种评价方法中是一种较好的算法，这和本书的研究思路不谋而合。

原始的 TOPSIS 方法早在 20 世纪 80 年代就已创建，在工程建设领域中主要用于针对多目标选择系统方案，但由于在原理上用的是所谓“欧几里德距离”公式，没有考虑各目标相对重要性的“权重”，因此，仅适用于只有几个指标，并且不考虑相对重要性差异的简单情况，如面对稍为复杂一点的综合评价指标体系时，就失去了实用价值。20 世纪 90 年代中，也曾有人试图做出改进，即在每个指标的评价值上乘以对应的权重值，然后再应用本方法，但此举在数学理论上缺乏根据，实践结果亦缺乏说服力。鉴于绿色住区综合评价指标体系中牵涉几十个指标，并且各指标的权重值大相径庭，为此，我们对原始的 TOPSIS 方法做了根本改进，在对几类不同的建筑设计方案选优课题进行综合评价的试验后，均取得了满意的结果，并得到了有关专家的充分肯定。

本方法的最大优点在于计算机运算输出的结果可直观地与“理想点”（实际上不可能存在）进行比较，各个方案相对于“理想点”方案的优劣程度，化为百分制数值后，非常清晰。故本方法是本课题最终进行综合评价计算的主体方法之一，其原理如下：

设有 m 个目标 $f_1(x)$，$f_2(x)$，…，$f_m(x)$，每个目标有各自的最优解 $x^{(i)}$ 和最优值

$$f_i^* = \max_{x \in D} f_i(x) = f_i[x^{(i)}], 1 \leqslant i \leqslant m$$

对于向量函数 $F(X)=[f_1(x), f_2(x), \cdots, f_m(x)]^T$ 来说，向量 $F^*=(f_1^*, f_2^*, \cdots, f_m^*)^T$ 只是一个“理想点”，实际情况下是达不到的。

在建设类工程项目的综合评价或设计方案比选中，往往可直接得到有关评价对象的各个目标的属性值（指标值），因此可使用 TOPSIS 法，即逼近理想解排序法。

设有 n 个方案，m 个决策目标，各方案的 m 个决策目标值已通过某种途径获得，记为 f_{ij}，$1 \leqslant i \leqslant n$，$1 \leqslant j \leqslant m$，可以用决策矩阵表示：$A=(f_{ij})_{n \times m}$

令理想点 $F^*=(f_1^*, f_2^*, \cdots, f_m^*)^T$，$F_i=(f_{i1}, f_{i2}, \cdots, f_{im})^T$，则第 i 个方案同理想点的距离为：

$L_2(i) = \| F_i - F^* \| = \left[\sum_{j=1}^{m} (f_{ij} - f_j^*)^2 \right]^{1/2}, 1 \leqslant i \leqslant n$，这样多目标决策问题就变成了 $\min\limits_{1 \leqslant i \leqslant n} L_2(i)$，按此标准，距理想点近的方案要比距理想点远的方案好。

如我们再定义一个“最差点”F^0，即：

$$F^0=(f_1^0, f_2^0, \cdots, f_m^0)^T$$

其中 f_i^0 是第 i 个目标最差的数值，我们用 $L_2^0(i)$ 表示第 i 个方案同最差点的距离，即：

$$L_2^0(i)=\| F_i - F^0 \| = \Big[\sum_{j=1}^{m}(f_{ij}-f_j^0)^2\Big]^{1/2}, 1\leqslant i\leqslant n$$

这样，多目标决策问题就变成了 $\max\limits_{1\leqslant i\leqslant n} L_2^0(i)$，这就是说距最差点远的方案要比距最差点近的方案好。

上述做法，在数学上叫做“双基点法”，但可以证明，在某些情况下，二者会出现矛盾，为此，又引入了“对理想点的相对接近度”的定义，用 l_i 表示。

$$l_i=L_2^0(i)/[L_2(i)+L_2^0(i)], 1\leqslant i\leqslant n$$

由此易见，$0\leqslant l_i\leqslant 1$，$l_i$越大，第 i 个方案越好。以上即为原始的 TOPSIS 算法。

我们对原始算法改进如下：

(1) 重新构造决策矩阵 A（即进行数据预处理），令其元素

$$a_{ij}=f_{ij}\Bigg/\sqrt{\sum_{j=1}^{m}F_{ij}^2}$$

这样就可直接利用量纲不同或数值大小相差悬殊的原始数据，也可同时使用某些指标原本无法精确定量而给出的打分值。

(2) 原始的 TOPSIS 方法仍是“相对比较”的概念，故其确定理想点 F^* 和最差点 F^0 的方法是：

$$F^*=(\max_i a_{ij} \mid j\in J)^{\mathrm{T}} \text{ 或 } (\min_i a_{ij} \mid j\in J^0)^{\mathrm{T}}$$

$$F^0=(\max_i a_{ij} \mid j\in J)^{\mathrm{T}} \text{ 或 } (\min_i a_{ij} \mid j\in J^0)^{\mathrm{T}}$$

式中，J 是求最大的目标函数编号集，J^0 是求最小的目标函数编号集。

在此方面我们亦作了改进和拓宽，如只用来进行方案相对比选，仍可使用上述做法；而如欲在比选的同时或单独对一个被评对象进行评价时，观察它们相对于“理想点”的“距离”，由此评定其“质量”优劣程度，则可通过调研或概预算等手段，预先定出“理想点”和“最差点”的各项目标值。如一次性造价、热工性能指标等可选公认的最优“期望值”作为“理想点”的相关目标值数据；而用打分值表达的有关目标值数据，如为 9 级记分制，对理想点而言，则一律取最高分“9”，对最差点而言，则一律取最低点“1”，如此等等。

(3) 在计算 $L_2(i)$ 和 $L_2^0(i)$ 方面，我们作了最根本的改进。原始的 TOPSIS 方法中，计算公式如下：

$$L_2(i)=\sqrt{\sum_{j=1}^{m}(a_{ij}-f_j^*)^2}$$

$$L_2^0(i)=\sqrt{\sum_{j=1}^{m}(a_{ij}-f_j^0)^2}, 1\leqslant i\leqslant n$$

这样实质上用的是所谓“欧几里德距离”公式，没有考虑各目标相对重要性的“权重”，因此，失去了实用价值。我们经过分析研究，引入了“加权欧几里德距离”取代原

有计算公式，即令：

$$L_2(i)=\sqrt{\sum_{j=1}^{m}W_j(a_{ij}-f_j^*)^2}$$

$$L_2^0(i)=\sqrt{\sum_{j=1}^{m}W_j(a_{ij}-f_j^0)^2},\ 1\leqslant i\leqslant n$$

式中，W_j 值为各目标相对重要性权重，从而符合了实际的综合评价的需要。

(4) 计算各个方案到理想点的相对接近度

$$l_i=L_2^0(i)/[L_2(i)+L_2^0(i)],\ 1\leqslant i\leqslant n$$

可以看到，对“理想点”F^* 而言，$l_i=1$，而对“最差点”F^0 而言，$l_i=0$

(5) 将 l_i 乘以 100 并取整，则可化为百分制数值，在预先设定在什么得分区间内为“优、良、中、及格、不及格”的前提下，可直观地评出待评对象的优劣程度。

此算法在本书中运用的实际过程可参见第 9 章 9.2 节中软件使用举例。

4.5.5 本综合评价指标体系指标值的量化

由于现代建筑或住区设计是一项综合性极强的工作，有着极其复杂的思维过程，它包含着精确与模糊、系统与无序、数学化和想像力等理性与感性之间既对立又统一的因素。因此关于具体评价对象对应于各个评价指标的“属性值”(或称“评价值”) 如何取值，成为大家很关心的话题。

在综合评价中，被评价对象的指标可分为三种类型：(1) 可准确定量计算，如投资、热工指标等；(2) 可以定量分析，但很难准确计算，只能得到一个区间 (一般的或模糊的) 估计，如一些间接的社会效益；(3) 只能定性分析，如一些社会影响 (文化的美学的……)，生态环境影响等。

对于第 (1) 类指标，其评价值尽可能定量计算，而对于第 (2)、(3) 类指标则需要进行粗略估算和专家定性分析、分等级半定量描述。由于许多评价值都是通过经验和主观估计得出，很难用一个精确值表示，这种评价不仅包含着许多不确定性、随机性和模糊性，而且涉及到心理因素，在评价中有些“估算”往往只能得到一个大致的范围，有些评价者常用“大约是多少”、“在多少和多少之间”甚至用“差不多”等模糊词汇来表达他们的估算值。作者是这样考虑的：因为众多的评价指标的量纲往往不同，并且即使是可以定量计算的部分一般亦不能精确计算，仅能估算为某个范围 (区间) 内的“灰数”；而所有的社会人文指标在定量化时也只能定标为某个系列 (经过“白化”后的)“灰数”中的一个数，故本书中我们通过下列约定的规则将所有评价值均化为 9，7，5，3，1 五级定标，分别对应优、良、中、及格、不及格。对于可量化的指标，五级定标即为相对于基于绿色概念下对本项指标的最理想要求而言，一般是以各种法规、规范、标准等要求的数据为依据，或者以普遍适用的行业水准为依据，根据指标实现的难度来进行打分，而且假定其评分坡度是线性变化的：完全满足者打分为 9，满足 80%以上者打分为 7，满足 70%者打分为 5，满足 60%者打分为 3，仅满足 50%以下 (包括完全不满足) 者打分为 1；8、6、4、2 的打分值则对应于各级别间的中间取值，所以在有些文献中亦称 9 级记分制。而原来只能定性描述的指标定量化时，一般均可通过模糊评价方法，在统计有关专家（或有经验的专业人员）、用户对有关评价内容进行打分后经上机计算得出相应的评价值（亦同样化为9级记分制的分值）。我们使用的上述量化方法还避免了不同的评价指标由于量纲不同及量度数值可能相差悬殊而不能直接使用原始数据的麻烦（传统的做法是先要进行数据预处理）。

顺便提一下：对于权重值较大的指标而言，如其评价值小于3，则可认为评价对象属于“劣解”集，尽管有可能其他指标评价值相当不错，但不会让其参加综合评价。

对于评价值的量化问题，我们还确定了如下原则：

（1）对于能量化的问题，一般是以各种法规、规范、标准等要求的数据为依据，或者以普遍适用的行业水准为依据，根据指标实现的难度来进行打分，而且假定其评分坡度是线性变化的；

（2）对于许多定性指标，一般要求专家凭经验进行判断，可参考住区所在地区的具体条件和典型范例来进行打分，然后通过模糊综合评价的算法处理众多专家的打分，从而计算出某个指标最后的评分值，此类分数的高低不是根据指标实现难度来评判，而是根据住区功能特性及对环境、生态的影响来进行评分。

4.6 关于其他综合评价方法的讨论

（1）使用线性与非线性评价模型的讨论

从数学的角度来讲，综合评价实质上是指按预定的目的，设计涵盖被评价对象功能的指标体系（即属性系），再用某种评价方法构造一个标量实值函数——价值函数，赖以算出每个对象的综合分，进而实现对被评价对象的评价、排序或分类。在过去的很长时期中，甚至在当今许多场合里，人们习惯于使用线性评价模型来求得综合评价的最终评价结果。例如采用线性叠加映射模型来进行评价，即事先确定相应权向量 W，对各决策属性进行线性加权叠加，则评价结果为：

$$Y=WX^{\mathrm{T}}$$

此线性评价模型通常也称为加权累积模型。从理论上讲，使用上述线性叠加映射关系必须满足属性间的完全可补偿性假设，即不必考虑属性之间的均衡性。线性叠加映射关系易于理解、使用方便，在解决实际问题中得到了广泛而普遍的应用。如前面第一章所提过的一些建筑综合评价的实例都采用了这种模型。而事实上这些实际问题通常不能完全满足属性间的完全可补偿性假设，这时，若直接使用线性叠加映射关系，势必影响对决策方案的正确评价。故我们在绿色住区的评价体系中摈弃了线性评价模型，而使用了非线性评价模型中的先进的算法，以求获得较准确的定量化计算结果。

所谓非线性评价模型，是现在用得越来越多的综合评价数学模型，各种不同的算法如雨后春笋般地被研究出来。例如，直接利用层次分析法（AHP）对方案进行评价，属于层位评价模型；而ELECTRE多因素决策方法、模糊综合评判方法、关联分析评价方法、TOPSIS评价方法、神经网络综合评价方法等也都属于非线性评价模型。本书采用的诸多算法均为非线性评价模型。

(2) 有关客观赋权法与主观赋权法的讨论

在非线性评价模型中有客观赋权法和主观赋权法之分。所谓客观赋权法是利用指标值所反映的客观信息确定权重的一种方法，如指标赋权法、多目标归一化方法。其原始数据由各指标在被评价对象中的实际数据形成，它确定的权系数虽然大多数情况下客观性较强，但有时会与各指标的实际重要性程度相悖，而且解释性较差，对所得的结果难以给出明确的解释。在被评价对象数量较多，实际数据非常丰富时，可用客观赋权法进行评价，作为“参考”，以弥补主观赋权法可能带来的失误。

本书提倡以主观赋权法为主进行系统综合评价，而客观赋权法等算法作为参考。在主观赋权法中特别以改进的 TOPSIS 方法作为主算法，而以另外一些优良的算法作为辅助算法，例如物元分析方法和灰色聚类方法，某些时候可用于验证，力求评价结果可靠和更符合实际。

物元分析方法于 20 世纪 80 年代末首创于我国，而基于物元分析原理的综合评价分级聚类方法，在国内文献上最早是应用于购置建筑设备的多目标决策课题中。我们从基本原理出发，将此方法作了改进，并使其对应于评价值的 5 级定标法，在对几种不同的建筑设计方案选优课题进行综合评价的试验后，也都取得了满意的结果，并得到了有关专家的充分肯定。故我们亦将其用于绿色住区的综合评价中，作为对主算法的验证手段之一。

一般说来，鉴于综合评价的“评价值”本身带有“灰数”的特征，而我们平时所认定的优劣“等级”又非常对应于“灰色聚类”的内涵，故我们对常规的灰色聚类方法进行了改造，用于绿色住区的综合评价取得了良好的效果。

(3) 系统动力学模型的讨论

另外值得一提的是系统动力学模型。如前所述，系统动力学建模的目的在于研究系统的问题和系统内部的反馈结构与其动态行为的关系，为了改善系统行为进行结构分析和政策研究。系统动力学通过构造系统的 DYNAMO 方程来模拟系统的动态发展趋势，DYNAMO 是一种计算机模拟语言系列，借助计算机进行系统、功能与动态行为的模拟。这种方法需要大量的动态数据支持，鉴于目前我国在建设绿色住区方面尚属起步阶段，无法提供动态发展方面的有关数据，待客观条件成熟后，我们亦必将应用此项技术。

(4) 神经网络技术的讨论

近年来，神经网络已在许多领域得到应用，它模仿人的神经模糊判断和学习能力，以其独有的自组织、自学习和超强的容错能力，使许多复杂的、难以用数字公式描述的问题迎刃而解，并显示了其反应敏捷、准确应答的优越性。当人工神经模型训练出来以后，只要待评估的对象处于网络模型范围内，就可以用它来进行综合评价。虽然神经网络在许多领域的综合评价中得到成功的应用，但应看到它一是需要较多的可供“学习”的非常规范化的样本，二是要求有数量较多且在此领域经验非常丰富的专家知识，最好有专家系统，否则无从应用。鉴于目前我国在创建绿色住区方面尚属起步阶段，尚未有人做过此课题的实质性工作，无法提供此两种前提条件，待客观条件成熟后，我们也可应用此项技术。

5 绿色住区经济性评价

5.1 绿色住区经济性评价的基本概念

建筑是一种产品，产品的投资、能源消耗等经济性指标也不仅仅反映在初始建设时一次性投资中，更反映在使用期的维修管理费、能源消耗费以及报废拆除费等寿命周期费用上。寿命周期成本分析揭示了较低的前期投入会引起在建筑物或系统整个寿命期间高得多的成本。估算表明，一幢典型建筑的能耗费差不多占了该建筑物总运营费用的25%。而在美国的建筑中，应用现有技术的气候敏感设计可以削减采暖和供冷能耗的60%以及照明能量需求的50%以上，其投资回报率带来的效益大大超过此种设计增加投资所付出的代价。为此，在评价时应充分考虑初始一次性投资与全寿命费用的关系，力求兼顾经济、社会和生态环境三方面的综合利益。

传统的经济模式以追求国民生产总值（*GDP*）的增长为主要目标，忽略了社会的全面发展；强调经济发展的短期目标、增长速度和数量，忽视对资源合理的、持续的使用和生态环境的保护，忽视环境与发展的协调共进以及经济发展的质量。这种以牺牲整体利益实现局部利益、牺牲未来长期持续发展换取眼前短暂经济增长、牺牲生活质量而增加消费数量的发展模式，给人类社会的未来发展造成了威胁，因此，这种理论也应加以更新。所以，在进行绿色住区的经济性评价时，还必须包含环境保护投入产出的评价。

5.2 全寿命费用（C_1）

全寿命费用系指建筑初建时的单位面积造价——一次性造价以及建筑生命期内的运行、维护费用。当前，我国正在大力发展节能省地型住宅和公共建筑，站在经济社会发展全局来算总账，显然是合算的。综合性能较好的长寿命周期的安全耐用的建筑，较之因性能和质量差、运行费用高而不得不拆除的短寿命建筑，其综合成本是较低的。就初期建造成本与消费期消耗、维护运行成本相比较而言，人们往往忽视后者，在漫长的消费过程中，运行成本是很可观的。美国的经验是“初期成本”只占到生命周期成本的5%～10%，而运营和维护成本占到60%～80%，对于品质好、消耗低、维护省的长寿命建筑来说，具有巨大的成本优势。

建筑节能可使全寿命费用减少。实践证明，只要采取经济实用、切合实际的节能措施，新建居住建筑节能投资和既有建筑节能改造成本，按80～120元/m^2计算，其产生的节能效益可在5年左右得到回收。公共建筑由于能源费用要高得多，尽管单位建筑面积节能投资会高一些，其节能效益会更为显著。还要看到，由于建筑能耗减少，采暖空调照明负荷相应减少，因而所需设备容量减小，新建建筑可以减少这部分初始投资，在节能50%的情况下，设备容量相应减少50%，可见建筑节能的经济效益是十分显著的。

5.2.1 一次性造价（D_1）

一次性造价包含了建筑物建成时的各项建筑费用所折合的建筑造价，包含土建、绿化、市政公用设施、交通设施及物业管理费等投资。

在如何计算一次性投资造价时，应具有综合造价观念。以2000年建成的全国驰名的北京北潞春生态住宅小区为例，比如，购买污水处理设备要投入150万元，这将增加每平方米的造价，但由于这是科技投入，所以不仅要用加法，而且要用减法。采用了这个新技术设备后，原所需建设的排污干管、化粪池、污水提升泵站可以被淘汰，因此要减掉这部分投资，然后才能得出实际增加的一次性投资，而这部分投入在售房、物业管理上还会有回报。比如中水处理，小区用地中30%多的绿地（约4.5hm²）每天需浇400t水，原浇花用水2.5元/t，而中水仅为0.5元/t，这样每吨水节省2元，一天就可节约800元，再加上节省的排污费，依此推算约10年时间开发商这一部分投资就可收回，进而转为盈利。当算完这些综合账，开发商就同意了，因为看到效益确实可观。

为此，对建筑物建成时的各项建筑费用折合的建筑物造价——反映为一次性投资造价进行评价时应考虑是否满足：

所要达到的目标	所能达到的要求				
	9(满足100%)	7(满足80%)	5(满足70%)	3(满足60%)	1(满足50%以下)
(1)在绿色概念下的综合造价最低					
(2)在当地经济发展水平与设计市场的平均价格水平下，可比性的初始投资最低					

5.2.2 建筑生命期运行、维护费用（D_2）

对建筑的投入，即付出的费用，远不止一次建造的支出，还包括横亘于它整个使用寿命期内的各项支出，即项目自立项开始至建筑物报废后，用于建筑物的规划、设计、建设、运行、维护、保养及建筑废弃物的回收、运输、处理等所需费用，这些支出的大小，在很大程度上取决于设计的优劣，称为全寿命费用。因此除去D_1一次性造价外，它还主要包括：使用期间的操作运行费用；维修费用；更换及改造费用；税款；相关费用；停止使用后的残值等。

由于世界“能源危机”的冲击，使建筑物的经常运行费用大幅度上升，据英国1981年的资料，一幢10000m²的办公建筑，造价约为400万英镑，而使用期中每年能源费用达112万英镑，这种形势，推动了世界各国大力推行建筑节能，同时也培育了设计师的全寿命费用概念。除了能源费用外，建筑物维修费用也十分可观。如西德一般住宅建筑（80年使用期）的维修总费用为建造费的1.3～1.4倍。

北京锋尚国际公寓采用新型系统化住宅节能技术，住宅节能超过了北京节能65%的要求。目前锋尚成套做法的成本约在每平方米建筑面积650元左右，看起来还比较高，但是减去普通节能要求的投入和设备减少部分，综合造价在每平方米 300 元左右，而且它所具有的更优良的节能效果和较高的健康舒适水平对居住者带来的好处是不可低估的。例如，冬季采暖（达 20℃）的费用仅 10 元/m^2，是北京市规定的燃气集中供暖收费的 1/3。

由此可见，建筑运行过程中的运行费用是相当可观的，如果我们只考虑尽量降低一次性造价，其带来的后果也许是运行、维护费用的大幅提高，再加上对人们身心造成的损害，只会得不偿失。因此绿色住区中建筑的寿命周期费用可以用净现值法求出其 *ENPV*（经济净现值），那时，绿色建筑的优越性就可显示出来。

$$ENPV=\sum_{t=0}^{n}\frac{B_t}{(1+i)^n}$$

式中 i——利率或贴现率；

B_t——t 时刻得到的净效益。

为此，在绿色住区综合评价时应考虑是否满足：

所要达到的目标	所能达到的要求				
	9(满足100%)	7(满足80%)	5(满足70%)	3(满足60%)	1(满足50%以下)
在绿色概念下，建筑物日常运行费用、维修费用及更新、改造、弃置费用等的 *ENPV*（经济净现值）达到最低					

5.3 环境保护投入产出（C_2）

环境保护作为政府主导、公众参与的社会公共事业，环境质量改善的结果将惠及社会广大成员，无疑会增进人民对政府及执政党的认同。而且，环境保护往往还特别解除了最基层人民所受环境问题的困扰，有利于社会的平衡和稳定，这是一种细微却又十分重要的贡献。

国民生产总值（*GDP*）只是一种衡量生产量的尺度，根本不能反映生产和消费中的经济性以及经济福利的净变化状况，自然资源和环境舒适度的价值不能在市场上反映上来。近年来，一些发达国家对国民经济账户体系进行了调整，产生了所谓的“绿色净国内生产总值”即“绿色 *GDP*”。其中以 Daly（1989）提出的“可持续经济福利指数”（ISEW）和 Cobb 等（1995）提出的“真实发展指标”（*GPI*）为代表。其基本含义是：当考虑了人类经济活动所带来的外部不经济性，即考虑了资源耗竭和环境污染后，传统的总量核算及其相应的核算指标，是无法正确描述和客观反映出人类真实的经济活动结果，而采用绿色总量指标（*GDP*）则可以达到这种目的，即用一单项指标综合反映生态化建设的成效，以及经济发展与生态环境建设的协调关系。绿色 *GDP* 是指用以衡量各国扣除自然资产损失后新创造的真实国民财富的总量核算指标。用一句话来说，生态化国内生产总值（绿色 *GDP*）就是将社会生产与经济社会发展中的环境外在成本及生态系统服务功能价值净值综合起来。

绿色 *GDP* 可按下列公式计算：

绿色 *GDP*＝传统 *GDP*－资源环境损害＋环保部门新创造价值

即

$$EGDP=GDP-ENE+\Delta ESV$$

式中，GDP 为国内生产总值；ENE 为经济发展的环境外在成本；ΔESV 为生态服务功能价值变化量；$EGDP$ 为绿色 GDP。

在评价中，生态服务功能的价值估算可以考虑以下方面：土壤保持、水源涵养、固定二氧化碳、释放氧气、营养物质循环、净化环境、防风固沙能力等。

一般可利用投入产出技术描述和计算绿色 GDP。其基本方法是考虑环保活动（资源恢复和污染处理），在投入产出表第Ⅰ象限主栏增加资源消耗和污染排放两部门，在宾栏增加资源恢复和废物治理两部门。从产出方向看，传统 GDP 等于各传统产业最终产品之和，各部门最终产品等于总产品减中间产品，然而各部门在生产过程中不仅生产出了满足自身需要的产品（正效应），而且产生了由生产活动外部不经济性所带来的生存环境损害（负效应），包括开发用地区的生态价值的变化、开发用地区的农业价值的变化、开发用地区的娱乐价值的变化等；同时，开展环保活动（资源恢复和污染治理）又必须有相应的资源环境消耗，包括进行环保活动而新产生的资源消耗和环境污染等"自然品"的消耗；另外，由环保部门所创造的增加值（新创造价值），应被视为产出新增部分。因此，要将环境污染的社会成本内化到企业成本与市场价格中去，通过市场机制更有效、更低成本地控制环境污染和生态破坏，尽快征收各种形式的环境税。

2004 年国家环保总局选定北京、天津、海南、广东等 10 个省市作为绿色 GDP 核算试点，逐步建立中国绿色国民经济核算体系和环境污染经济损失估算体系。当然，有关专家指出在实际核算绿色 GDP 中有四大难点：第一，污染损失难量化。绿色 GDP 核算的一个重要内容是对污染损失的估算。然而，各种污染物和受害体之间的定量反映比较难，例如，大气中二氧化硫增加与人们患呼吸道疾病之间的关系还无法准确估算，因大气污染而增加的疾病成本、死亡的生命价值也很难量化。第二，统计指标连续性不够。这给污染的治理成本核算带来困难，例如，目前的统计体系里，只有污水的排放量，没有污水的产生量，无法算出污水的处理量。第三，农村地区出现核算盲点。农村地区是我国现有的环境监测网的薄弱地区，在某些领域甚至出现盲点。第四，相关法规不完善。此外，绿色 GDP 核算是一个系统工程，需要环保、统计、卫生、农业、城建等多个部门之间的通力合作，这也增加了实施的难度。因此，绿色 GDP 的实际应用还需要一个过程，所以，在我们的评价体系中，也只是提出了一般的方法和阈值区间，作为评价值的"灰数"使用，再转换为评价得分。

环境保护的投入产出的评价包含经济发展的环境外在成本——环境保护的投入和生态服务功能价值——环境保护的产出两个指标。

5.3.1 环境保护的投入（D_3）

环境保护的投入等同于经济发展的环境外在成本。

"环境保护投入"按照国家环境保护总局环保投入的统计范围和分类定义，分为以下三部分的投入。

（1）环境污染治理投入。包括污染源治理投入和城市环境综合治理投入两大类。其中，污染源治理是指企事业单位在生产、建设、运营过程中对污染源的控制和治理，重点是工业污染源治理；城市环境综合治理是为改善城市或区域环境质量而进行的环境基础设施建设和综合性、公益性污染治理等，如城市污水集中处理、集中供热、绿化、生活垃圾处理和河道、湖泊清淤和整治等。

（2）资源和生态环境保护投入。包括资源保护投入和生态环境保护投入两类。资源保护是对自然资源的数量和质量保护，以期达到永续利用的目的（资源包括：水资源、海洋资源、土地资源、森林资源、草地和荒漠资源、湿地资源、矿产资源、旅游资源和生物资源的保护）。生态环境保护可分为农村环境保护、特殊生态功能区保护、自然保护区和生物多样性保护。

（3）管理与科技投入。包括环境管理投入和污染防治科技投入两类。环境管理投入包括各级环境保护行政主管部门、有关行业部门环境管理机构和各类环境保护事业单位的环境管理能力建设投入；污染防治科技投入包括污染防治基础科学研究、应用技术开发研究和环境管理软科学研究等方面的投入。

在投资流量结构（指一定时期所完成投资之间的比例关系）层面，一要提高有利于改善环境质量的生态农业、环保工业和高新技术产业等多种产业的投资在社会总投资中所占的比例；二要提高水电、核电等清洁能源投资，以及将煤炭转化为电力等清洁、高效的二次能源投资在能源总投资中所占的比例；三要提高污染源端预防投资（压缩污染末端治理投资）在环保总投资中所占的比例。

在投资存量结构［指一定时期投资积累所形成的资本（资产）之间的比例关系］层面，一要对某些技术装备落后、产品质量差、生产效率低、资源消耗大、污染严重的落后企业及其产品，通过经济、法律和行政等多种手段，促使其存量资本转移到高效率、低消耗、少污染的行业；二要对某些产品具有明显替代性的高污染企业，通过各种政策措施，促使其存量资本转移到低污染的替代产品的生产领域。在优化投资存量结构过程中，应尽可能地减少转移中的摩擦，降低转移费用。

为此，在绿色住区综合评价时应考虑是否满足：

所要达到的目标	所能达到的要求				
	9(满足100%)	7(满足80%)	5(满足70%)	3(满足60%)	1(满足50%以下)
(1)该地区环境保护投入的市场化融资政策具有充分的有效性和灵活性					
(2)当地环境保护投资多渠道及积极性的体现					
(3)该地区三类环保投资占 *GDP* 比重达到3%以上					

5.3.2 环境保护的产出（D_4）

生态服务功能价值可视为环境保护的产出。

（1）绿色住区生态服务功能的价值分类

1）直接利用价值。主要是指景观娱乐等带来的直接价值，直接利用价值可用产品的市场价格来估计。

2）间接利用价值。主要是指无法商品化的生态系统服务功能，如维持生命物质的生物地化循环与水文循环，维持生物物种与遗传多样性，保护土壤肥力、净化环境、维持大气化学的平衡与稳定等支撑与维持地球生命支持系统的功能。间接利用价值的评估常常需要根据生态系统功能的类型来确定，通常有防护费用法、恢复费用法、替代市场法等。

3）选择价值。选择价值是人们为了将来能直接利用与间接利用某种生态系统服务功能的支付意愿，例如，人们为将来能利用生态系统的涵养水源、净化大气以及游憩娱乐等功能的支付意愿。人们常把选择价值喻为保险公司，即人们为自己确保将来能利用某种资源或效益而愿意支付的一笔保险金。选择价值又可分为3类：即自己将来利用；子孙后代将来利用，又称之为遗产价值；别人将来利用，也称之为替代消费。

4）存在价值。存在价值亦称内在价值，是人们为确保生态系统服务功能能继续存在的支付意愿。存在价值是生态系统本身具有的价值，是一种与人类利用无关的经济价值，换句话说，即使人类不存在，存在价值仍然有，如生态系统中的物种多样性与涵养水源能力等。存在价值是介于经济价值与生态价值之间的一种过渡性价值，它可为经济学家和生态学家提供共同的价值观。

（2）绿色住区生态服务功能价值评估方法

根据生态经济学、环境经济学和资源经济学的研究成果，绿色住区生态服务功能的经济价值评估方法可分为两类：一是替代市场技术，它以“影子价格”和消费者剩余来表达绿色住区功能的经济价值，评价方法多种多样，其中有费用支出法、市场价值法、机会成本法等。二是模拟市场技术（又称假设市场技术），它以支付意愿和净支付意愿来表达生态服务功能的经济价值，其评价方法只有一种，即条件价值法。本书主要介绍目前常用的条件价值法、费用支出法与市场价值法。

1）条件价值法。也称调查法和假设评价法，它是生态系统服务功能价值评估中应用最广泛的评估方法之一。条件价值法适用于缺乏实际市场和替代市场交换商品的价值评估，是“公共商品”价值评估的一种特有的重要方法，它能评价各种生态系统服务功能的经济价值，包括直接利用价值、间接利用价值、存在价值和选择价值。

支付意愿可以表示一切商品价值，也是商品价值的惟一合理表达方法。西方经济学认为：价值反映了人们对事物的态度、观念、信仰和偏好，是人的主观思想对客观事物认识的结果；支付意愿是“人们一切行为价值表达的自动指示器”，因此商品的价值可表示为：

商品的价值＝人们对该商品的支付意愿

支付意愿又由实际支出和消费者剩余两个部分组成。由于商品有市场交换和市场价格，其支付意愿的两个部分都可以求出。实际支出的本质是商品的价格，消费者剩余可以根据商品的价格资料用公式求出。因此，商品的价值可以根据其市场价格资料来计算。理论和实践都证明：对于有类似替代品的商品，其消费者剩余很小，可以直接以其价格表示商品的价值。

对于公共商品而言，因公共商品没有市场交换和市场价格，因此支付意愿的两个部分（实际支出和消费者剩余）都不能求出，公共商品的价值也因此无法通过市场交换和市场价格估计。目前，西方经济学发展了假设市场方法，即直接询问人们对某种公共商品的支付意愿，以获得公共商品的价值，这就是条件价值法。

条件价值法属于模拟市场技术方法，它的核心是直接调查咨询人们对生态服务功能的支付意愿，并以支付意愿和净支付意愿来表达生态服务功能的经济价值。在实际研究中，从消费者的角度出发，在一系列假设问题下，通过调查、问卷、投标等方式来获得消费者的支付意愿和净支付意愿，综合所有消费者的支付意愿和净支付意愿来估计生态系统经济价值。

2）费用支出法。是从消费者的角度来评价生态服务功能的价值，费用支出法是一种古老又简单的方法，它以人们对某种生态服务功能的支出费用来表示其经济价值。例如，对于自然景观的游憩效益，可以用游憩者支出的费用总和（包括往返交通费、餐饮费、住宿费、门票费、入场券、设施使用费、摄影费用、购买纪念品和土特产的费用、购买或租借设备费以及停车费和电话费等所有支出的费用）作为自然景观游憩的经济价值。

3）市场价值法。市场价值法与费用支出法类似，但它可适合于没有费用支出的但有市场价格的生态服务功能的价值评估。例如，没有市场交换而在当地直接消耗的生态系统产品，这些自然产品虽没有市场交换，但它们有市场价格，因而可按市场价格来确定它们的经济价值。

市场价值法先定量地评价某种生态服务功能的效果，再根据这些效果的市场价格来评估其经济价值。在实际评价中，通常有两类评价过程。一是理论效果评价法，它可分为3个步骤：先计算某种生态系统服务功能的定量值，如涵养水源的量、CO_2 固定量、农作物增产量；再研究生态服务功能的“影子价格”，如涵养水源的定价可根据水库工程的蓄水成本，固定 CO_2 的定价可以根据 CO_2 的市场价格；最后计算其总经济价值。二是环境损失评价法，这是与环境效果评价法类似的一种生态经济评价方法。例如，评价保护土壤的经济价值时，用生态系统破坏价值的评价方法，即用所造成的土壤侵蚀量及土地退化、生产力下降的损失等来估计。理论上，市场价值法是一种合理方法，也是目前应用最广泛的生态系统服务功能评价方法，但由于生态系统服务功能种类繁多，而且往往很难定量，实际评价时仍有许多困难。

根据我国国情，本书倡导市场价值法和条件价值法两者相结合的评价方法，通过调研评估绿色住区四类生态服务功能的价值，并用于某个绿色住区环境保护的产出评价值的最后确定。

为此，在绿色住区综合评价时应考虑是否满足：

所要达到的目标	所能达到的要求				
	9(满足100%)	7(满足80%)	5(满足70%)	3(满足60%)	1(满足50%以下)
(1)直接利用价值					
(2)间接利用价值					
(3)选择价值					
(4)存在价值					

6 生态环境的保护与促进评价

6.1 建筑生态环境及其评价的基本概念

建筑系统本身是巨大的消费者，它总会这样那样地给生态环境带来负面影响。传统的建筑活动在为人们提供生产和生活用房的同时，过度地消耗资源和能源，产生的建筑垃圾、城市废热等造成了严重的环境污染，它占据、毁坏土壤，经常引起水污染和水资源的减少，不能自我维持和更新，造成全球范围内的人类生活质量下降和自然生态系统的破坏。据统计，建筑在建造和使用过程中消耗了全球能源的50%，产生了34%的污染。

中国科学院曾在《1999中国可持续发展战略报告》中提到：中国的人类活动强度具有明显的破坏性，高出世界平均水平3～3.5倍，平均每人每年搬动土石方数量是世界平均值的1.4倍。

从能源角度看，在我国，仅建筑耗用的钢铁、水泥、平板玻璃、建筑陶瓷、砖瓦砂石等几项材料的生产耗能达1.6亿t标准煤，占全国能源生产的13%。我国北方地区由于冬季采暖消耗的能源达1.3亿t标准煤，占全国能源生产的11%。而保温不良的墙体材料造成的热损失估计达1.2亿t标准煤。

从资源角度看，我国从1986～1996年间每年净减少耕地750万亩（1亩=0.0667hm^2），其中多数转化为建设用地，每年因烧砖毁坏的农田多达12万亩，土地资源递减的形势十分严峻。我国每年因生产建筑材料而消耗的各种矿物资源多达50亿t。大量的砂石采集，矿石采掘造成河床、植被、土壤破坏和水土流失。同时，在采掘过程中产生大量的残留废弃物和粉尘又造成大气和水体的污染。

从环境角度看，我国建筑垃圾增长的速度与建筑业的发展成正比，除少量金属被回收外，大部分成为城市垃圾。我国已有2/3的城市被垃圾包围，数量巨大的建筑垃圾所造成的生态环境压力，已成为令人头疼的社会问题。此外，我国仅因冬季采暖向空中排放的CO_2有1.9亿t，SO_2有300多万吨，烟尘有300多万吨，每年生活污水排放量约190亿t，约占废水总量的45.5%。

由此可见，随着经济的高速发展也造成了严重的环境污染和生态破坏，建筑业对此也负有责任。我国大量已建成的建筑，包括近10多年中新建的和正在兴建的建筑，其中多数建筑都缺少严格认真的节能和环保设计，建筑使用过程中的高能耗和高污染的状况比较普遍，今后必须进行改造。只有通过绿色设计降低建筑的能耗、节约资源、减少污染，才能有效改善环境，对整个生态系统的稳定起到良好的作用。

我国“十一五”纲要中首次将能耗指标列入国家发展目标，建筑节能工程被列入国家十大节能工程。国家建设部明确指出：应通过全面推广节能与绿色建筑工作，争取到2020年，大部分既有建筑实现节能改造，新建建筑完全实现建筑节能65%的总目标，一些建筑的节能率要达到75%的标准；基本实现新增建筑占地与整体节约用地的动态平衡；实现建筑建造和使用过程中节水率在现有基础上提高30%以上；新建建筑对不可再生资源的总消耗比现在下降30%以上。到2020年，我国建筑的资源节约水平接近或达到现阶段中等发达国家的水平，节能、节地、节水、节材和环境保护的经济和社会效益显著，转变经济的增长方式的成效突出。胡锦涛同志主持了2005年3月12日举行的“中央人口资源环境工作座谈会”并发表重要讲话，他强调全面落实科学发展观，努力建设资源节约型、环境友好型社会；要大力发展节能节地型住宅，全面推广节能技术，制定并强制执行节能、节材、节水标准，按照减量化、再利用、资源化的原则，搞好资源综合利用，实现经济社会的可持续发展。

故本大类指标，主要包含结合当地地理、气候、原有生态环境等，从能源使用、考虑不超过环境承载力的土地开发利用、资源使用、防止污染四方面阐述运用适宜技术来达到对能源、土地、资源的节约及减少和防止污染，从而保护与促进生态环境。

6.2 能源使用（C_3）

我国是一个人均资源贫乏的国家，人均能源占有量只相当于世界平均水平的1/5，其中，人均石油储量仅为世界人均石油储量的11%，煤炭人均储量为世界人均储量的50%左右。我国的能源效率只有30%左右，比发达国家低10个百分点，单位国民生产总值能耗是发达国家的3～4倍。据有关资料，我国每创造1美元国民生产总值，所消耗掉的煤、电等能源是美国的4.3倍、德国和法国的7.7倍、日本的11.5倍。

严重的能源危机和环境污染已使得我们不得不考虑在建筑中尽量不依靠设备，而应尽可能多地利用天然资源和地理条件，采取被动式构造设计手段，来满足生活舒适的要求。即在满足生理要求的前提下，使居住空间尽可能处在“自然状态”而非人造环境，这样既有利于健康，又可最大限度地减少能源用量。必须使用能源时，也要尽量利用清洁能源，以降低污染强度。建筑设计要更多地重视建筑的能效性，在建筑设计的初始阶段进行建筑能效规划设计的优化方案选择。《公共建筑节能设计标准》编制组指出：“建筑能效规划设计是建筑节能设计的重要内容之一，要对建筑的总平面布置、建筑平、立、剖面形式、太阳辐射、自然通风等气候参数对建筑能耗的影响进行分析，使得建筑物在冬季最大限度地利用太阳辐射的能量，降低采暖负荷；夏季最大限度地减少太阳辐射得热并利用自然通风降温冷却，降低空调制冷负荷。”

另外，应有综合能源消耗的概念，即包括建筑物在全寿命周期内对各种能源的消耗，如建设建筑物所需的各种材料对能源的消耗（含制造与运输），项目自立项开始至建筑物报废后，用于建筑物的规划、设计、建设、运行、维护、保养及建筑废弃物的回收、运输、处理等所消耗的能源。

2005年7月1日起正式实施的国家标准《公共建筑节能设计标准》规定：新建、扩建和改建的公共建筑要具备节能设计，其节能目标是在保证相同的室内热环境舒适参数条件下，与20世纪80年代初相比，全年供暖、通风、空调和照明的总能耗减少50%，这对遏制高能耗建筑，缓解能源和环境压力，加快建设节约型社会，实现经济社会的可持续发展具有重要意义和深远影响。

6.2.1 自然通风（D_5）

建筑自然通风设计是建筑节能、室内舒适环境创造的有效手段。通过流体力学原理分析，建筑通风的直接原因主要在于：室内外温差造成的热压差（ΔP），该热压差造成气流流动动力，并通过建筑洞口有效的高差设计，强化气流动力，而形成建筑通风。有关ΔP形成通风的评价依据在于：洞口高差ΔH和空气密度差$\Delta \rho$，只有在设计中把握ΔH和$\Delta \rho$，就能达到热压通风的目的。尤其是洞口高差ΔH，在设计中完全可以控制，其措施有：

（1）建筑剖面设计的通风调整。在剖面设计中控制洞口高差，以尽量多的ΔH来加强温差所产生的通风反应，尤其是在住宅建筑中，使出风口高度大于进风口高度，使室内气流呈上升趋势，这是符合室内外温差所造成的热压的通风规律的，其上升力与通风走向相同，将有效强化通风质量。

吐鲁番盆地内干热气候区的民居，以生土建筑为主，开窗少而小，外观封闭。为适应地域的极端气候，多采用高棚架空间来界定阴凉半公共空间，其通风原理正是采用热压通风的原理（图6-1～图6-4）。

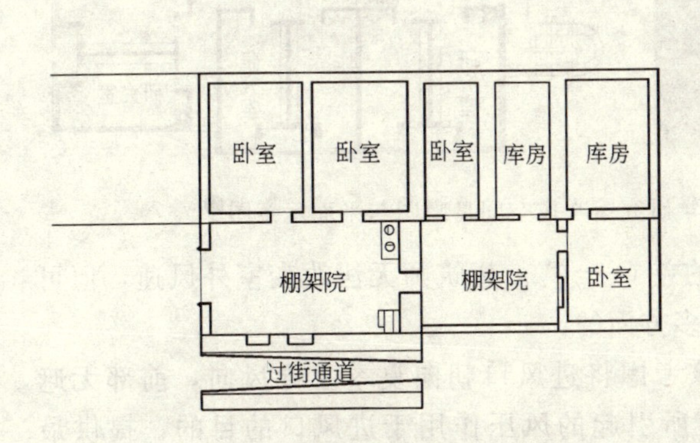

图6-1 吐鲁番麻扎村典型民居平面图[1]

图6-2 吐鲁番麻扎村典型民居棚架院内景[1]

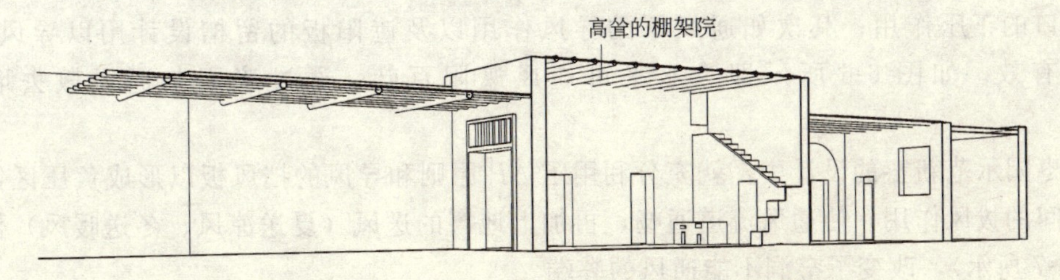

图6-3 麻扎村典型民居院落纵向剖透视[1]

[1] 源自西安交通大学杨晓峰硕士学位论文《吐鲁番盆地内干热气候区民居及村落环境研究》。

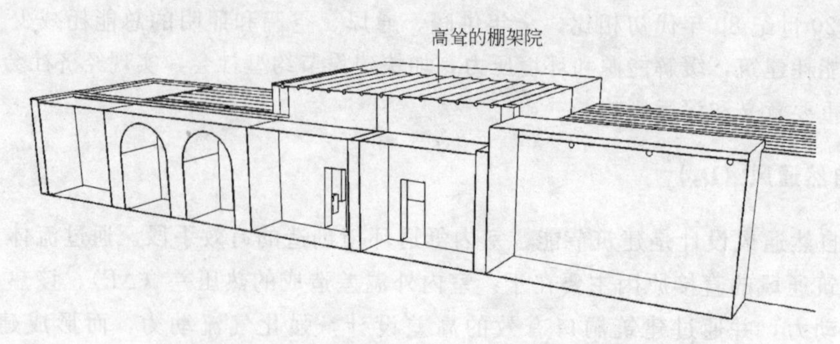

图 6-4　麻扎村典型民居院落侧面剖透视[1]

（2）建筑空间设计的通风调整。为了加强建筑通风，在建筑设计时，结合一些功能目的（楼梯间、中庭），设计具备“烟囱效应”的空间体系，如日本建筑中的吹拔空间等，可起到拔风作用，以强化室内通风（图 6-5）。

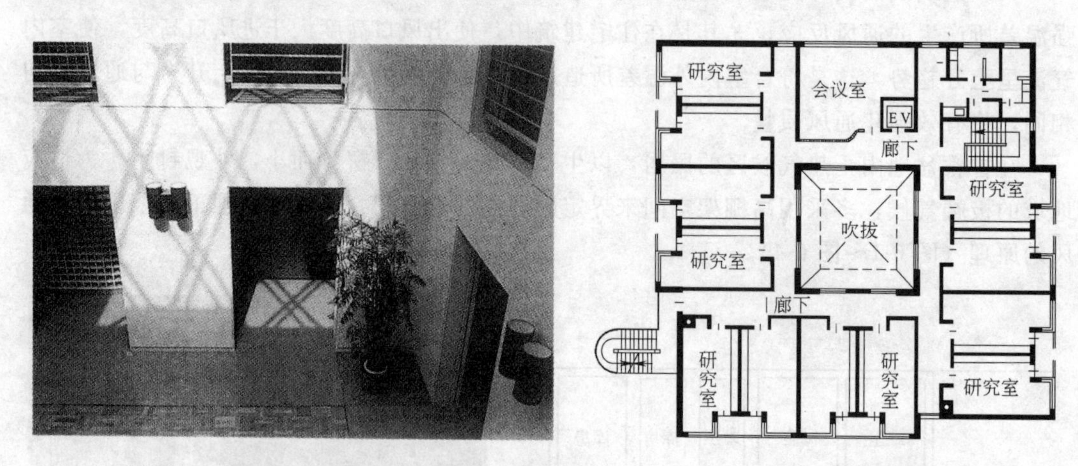

图 6-5　日本北海道东海大学艺术工学研究馆吹拔空间鸟瞰图与平面示意图[2]

（3）通过体形设计控制压力体形系数的差 C_1-C_2。建筑师无法改变室外风速，但可以通过体形设计来控制 C_1-C_2。其方法是多方面的：

1）建筑迎风面的调整。建筑设计应该考虑将进风口朝向夏季主导风向，前部无遮挡，满足以最直接、最通畅的室外风速值所引起的风压作用于进风口的目的，提供最大风速。

2）建筑的导风调整。使用挡风板及调整风压系数的有效方法，引起负压力，以加强进风口的正压作用；其次如通风罩的导风作用以及遮阳板的留槽设计用以导风等，都非常有效。如图 6-6 所示即为水平可通风遮阳百叶，通过遮阳与通风散去墙面热量。

在枣园示范新窑的设计中，就充分利用了 ΔP 原则和导风的挡风板以形成负压区，通过楼梯间的拔风作用，使通风流道通畅，再加上地窖的送风（夏送凉风、冬送暖风）作用（如图 6-7 所示），改变了窑洞不能通风的弊端。

---

[1] 源自西安交通大学杨晓峰硕士学位论文《吐鲁番盆地内干热气候区民居及村落环境研究》。

[2] 见《可持续设计导引》（日本彰国社）。

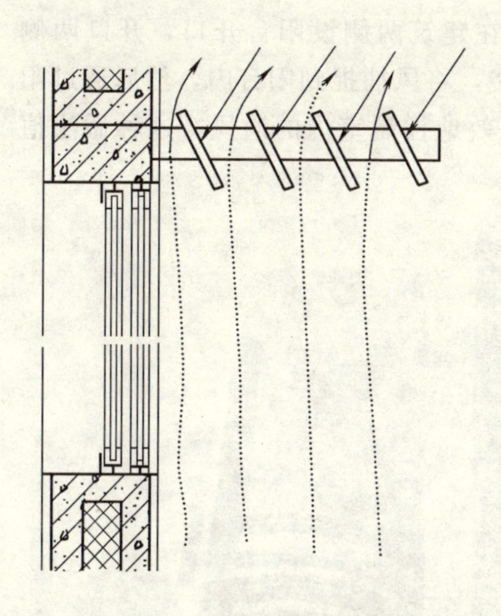

图 6-6 水平可通过遮阳百叶剖面示意图[1]

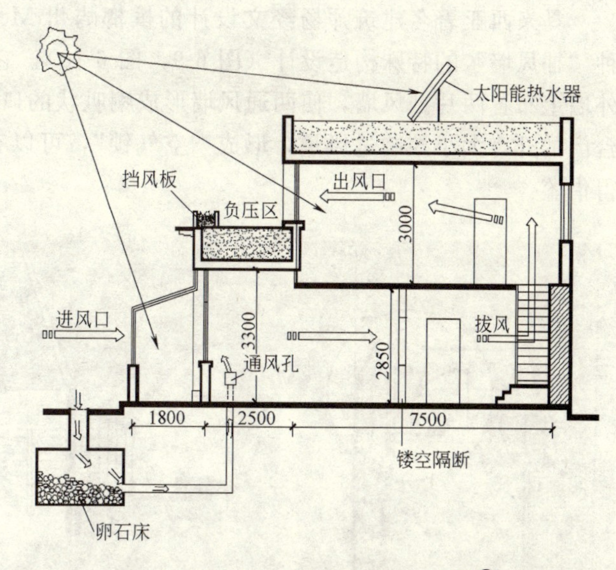

图 6-7 示范新窑通风、采光示意图[2]

英国零能耗建筑设计有限公司（ZEDArchitects）利用铝材制作的屋顶通风罩具有良好的通风、导风作用，同时其色彩斑斓的外表又成为建筑特异的标志（图 6-8）。

图 6-8 BedZED 项目中的铝制通风罩[3]

（4）建筑形体控制。建筑形体控制方法的主要作用就在于通过对建筑物、构筑物的平面、剖面的形式以及其形体间的空间组合关系的有效控制；并通过对所设计环境中植物的合理选择与配置来创造有利于居民生活的“再生风环境”。人工构筑物和绿化植物的遮挡作用的运用，是对建筑周围再生风环境进行调节的一种有效途径。

---

❶ 见夏云等《生态与可持续建筑》。

❷ 源自延安枣园绿色新住区示范窑。

❸ 源自 www.zedfactory.com 网站。

马来西亚著名建筑师杨经文设计的槟榔屿州 Mennara Umno 大厦外墙中，外加了一种“捕风墙”的特殊构造设计（图 6-9，图 6-10），它在建筑两侧设阳台开口，开口两侧外墙上布置两片挡风墙，使两通风墙形成喇叭状的口袋，将风捕捉到阳台内，然后通过阳台门的开口大小控制过风量，形成“空气锁”，可以有效地控制室内的通风，这种做法值得借鉴。

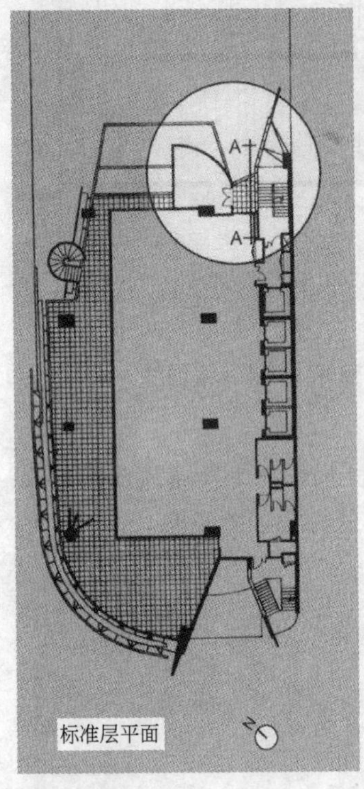

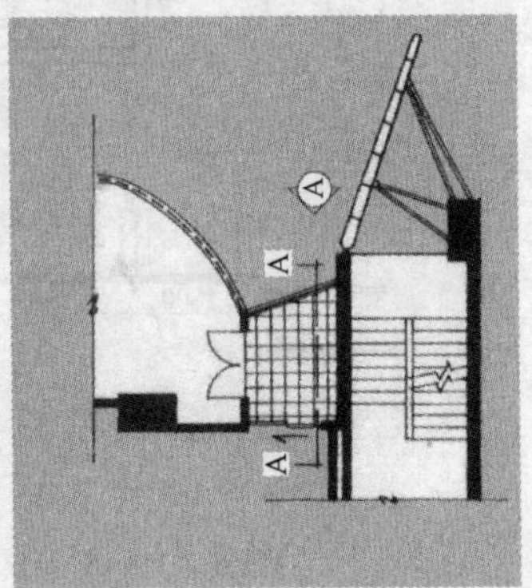
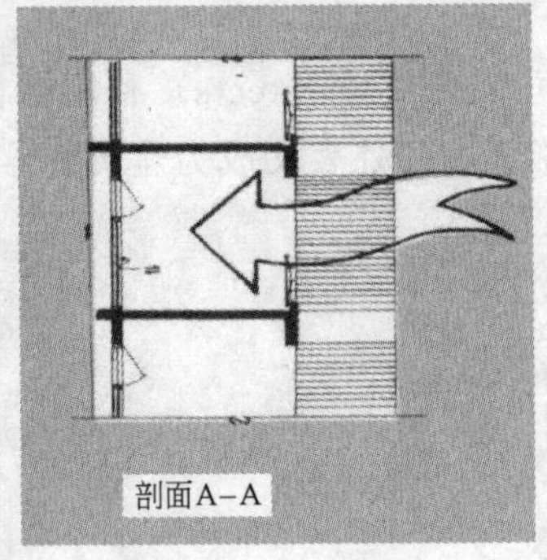

图 6-9　槟榔屿州 Mennara Umno 大厦“捕风墙”平面、剖面示意图❶

图 6-10　槟榔屿州 Mennara Umno 大厦“捕风墙”外观图❶

另外，南向是冬季太阳辐射量最多而夏季日照减少的方向，并且我国大部分地区夏季主导风向为东南向，所以从改善夏季自然通风房间热环境和减少冬季的房间采暖空调负荷来讲，南向是建筑物最好的选择。而建筑高度对自然通风也有很大的影响，一般高层建筑对其自身的室内自然通风有利，而在不同高度的房屋组合时，高低建筑错列布置有利于低层建筑的通风，处于高层建筑风压区内的低矮建筑受到高层背风区回旋涡流的作用，室内通风良好。

在 2003 年上半年突发的一场灾难——“非典型肺炎”（SARS）袭击神州大地时，首要的防疫措施竟然是要保证自然通风。流行病学专家认为，无论居家、办公、行车，保持通风比消毒更重要。面对“非典”，住宅通风因素在中国房市中很快得到了强化反应，这对于提示人类要注意回归自然、和大自然和谐一致有着多么明显的启发意义！

---

❶ 源自《T. R. Hamzah & Yeang：ecology of the sky》。

因此，在绿色住区综合评价中应考虑是否满足：

所要达到的目标	所能达到的要求				
	9(满足100%)	7(满足80%)	5(满足70%)	3(满足60%)	1(满足50%以下)
(1)建筑物留有适当的可开口位置，以充分利用自然通风，减少对机械通风的依赖，从而达到节能的效果					
(2)室内无通风死角，在自然状态下室内具有穿堂风					
(3)充分考虑不同地理气候条件下风象的影响					
(4)建筑群体规划设计从朝向、体形、间距、高低及路网布局等方面充分考虑通风良好性					

6.2.2 自然采光、遮阳（D_6）

自然采光能够非常显著地减少能耗和运行费用。建筑中照明的能耗约占总能耗的40%～50%，而且由灯产生的废热所引起的冷负荷的增加占总能耗的3%～5%，合理设计和采用自然采光能节省照明能耗的50%～80%。加之，国外的研究证明自然采光能形成比人工照明系统更为健康和更为兴奋的工作环境，可以使工作效率提高达15%，并且90%的雇员更喜欢在有窗户和可以看到外面的房间中工作。另外，人类的祖先在室外生活的时间较多，所接受的是全光谱自然光的照射，形成了人体许多生理功能。而现代生活中，许多人受到过多非自然光的照射，这也许是导致某些疾病的原因之一。研究表明，人们并不喜欢时间恒定不变的照度，这说明人类已适应了随着时间、季节等周期性变化的天然光环境。天然光不但具有比人工光更高的视觉功效，而且能够提供更为健康的光环境，长期不见日光或者长期在人工光环境下工作的人，容易发生季节性的情绪紊乱、慢性疲劳等病症。重要的是采用自然采光对环境的好处，它减少了电力需求和相关的因发电产生的污染和副产品。

长期以来，人们一直对天然光存在一种误解，认为天然光进入室内的同时带来的热量要多于人工光源的发热量。而研究表明：如果提供相同的照度，天然光带来的热量比绝大多数人工光源的发热量都少。换言之，如果用天然光代替人工光源照明，可大大减少空调

图 6-11　南方某高校遮阳百叶示意图

图 6-12　日本大东文化大学图书馆3号馆遮阳板示意图[1]

负荷，有利于减少建筑物能耗。另外，新型采光玻璃（如光敏玻璃、热敏玻璃等）可以在保证合理的采光量的前提下，在需要的时候将热量引入室内，而在不需要的时候将天然光带来的热量挡在室外。

自然采光需要建筑围护结构上的开口或洞口的位置正确，允许日光进入并充分分配和发散光线。为控制多余的亮度和反差，窗户上往往会设置一些附加件，如遮阳板、百叶和格栅等。建筑遮阳系统经过精心设计，即使在低技术的生态技术层面，也可以起到防止室内过热和调节室内微气候的目的，并且能够节约能源（如图 6-11）。有折光作用的遮阳板可以调节室内的光线分布和光照强度，起到折射光线的作用（图 6-12）。充分利用日光，使光线在室内均匀分布，既可以防止眩光，又可以减少人工照明。建筑的许多部位，如侧窗、屋顶天窗、中庭玻璃顶均需要进行适当的遮阳。除遮阳构件之外，利用绿化植被等自然因素也有相当理想的遮阳效果，例如利用落叶树木在夏季可遮挡多余的过热的日光，冬季树叶枯落后，对日光的进入影响不大于20%。

自然采光环境除了居室日照外，还要考虑室外场地才能形成明媚愉人、有利身心健康的好环境。

因此，在绿色住区综合评价中应考虑是否满足：

所要达到的目标	所能达到的要求				
	9(满足100%)	7(满足80%)	5(满足70%)	3(满足60%)	1(满足50%以下)
(1)住区建筑充分利用外窗自然采光，其中住宅80%的房间应能自然采光					
(2)防止眩光的措施					
(3)日晒窗设置有效的遮阳板(南向挑檐、东西向设置垂直百叶和挑檐)。限制东、西向玻璃窗					
(4)利用落叶树木调整日照					
(5)规划设计中对采光环境的重视					

6.2.3　围护结构及材料（D_7）

建筑围护结构，由包围空间的将室内与室外隔开的结构材料和表面装饰材料构成，包括墙、窗、门和楼地面。围护结构必须平衡通风和日光的需求，并提供适合于建筑地点的

[1] 源自日本《新建筑》2004。

气候条件的热湿保护，围护结构的设计对于建筑在运行中的耗能是一个主要因素。因此，在设计时应考虑以下因素：

（1）确定建筑物的位置和朝向，尽量减少气候因素对围护结构的影响

经调查，在其他条件相同情况下，东西向多层住宅建筑的传热耗热量要比南北向的高5%左右；而在一般住宅里，东西向窗的热损失也比南北向窗大5%以上，因此应尽量避免。尤其是在村镇住区，其建筑层数及容积率平均比城市为低，上述影响比城市更为显著。

（2）确定合理的体形系数

$$\text{建筑物体形系数}=\frac{\text{建筑物与室外大气接触的围护结构面积 }F}{\text{上述外围结构所包围的体积 }V_0}$$

被包围的空间体积对应的建筑外表面越大，建筑受其外表面的热交换的影响也越大。在其他条件相同情况下，建筑物耗热量指标，随体形系数的增长而增长，如果两幢建筑有相同的体积，设计得较紧凑的一幢热效率也较高。但体形系数的确定还与建筑造型、平面布局、采光通风等相关。体形系数限值规定太小，将制约建筑师的创造性，可能使建筑造型呆板、平面布局困难，甚至损害建筑功能。因此，要考虑当地的气候条件，权衡利弊，合理地确定建筑形状。在住宅建筑当中，体形系数不宜超过0.30，如果超过此值，应对其外墙和屋顶加强保温措施，以便将建筑物耗热量指标控制在规定额度以下，达到总体实现节能50%的目标。托马斯·赫尔左格的“对角线立方体”就是应用了体形系数较小则冬季热损失较少的原理（图6-13所示）。

图6-13 “对角线立方体”示意图[1]

（3）根据气候类型，考虑使用不同的围护结构材料，以减少热损失和达到保温隔热效果

1）在干热气候里采用高热容量材料；

2）在湿热气候中采用低热容量的材料；

3）在温和的气候中，根据建筑位置和采用的供热/供冷策略选择材料；

4）在寒冷的气候中采用密封和保温很好的围护结构[2]。

窑洞民居的被覆结构具有良好的保温隔热性能和热稳定性，但其正立面部分的热工性能极差，考虑到黄土高原冬季太阳辐射能资源丰富但经济发展水平相对落后的特点，被动式太阳能采暖技术特别适宜于这一地区。因此在示范村落我们采用了毗连温室式窑居太阳房（如图6-7所示）。图6-14所示为美国新墨西哥州一幢带有毗连温室的二层住宅，该住宅南向日光间（暖房）与二楼顶棚、北墙内侧空气循环通道及底层地板下卵石储热床相连，利用风扇以强迫对流方式循环运行。冬季，白天暖房内被太阳能加热的空气按上述循

[1] 源自托马斯·赫尔左格的生态建筑，《世界建筑》1999（2）。

[2] ［美］“Public Technology Inc. Green Building Council”，《绿色建筑技术手册》，北京：中国建筑工业出版社，1999.6。

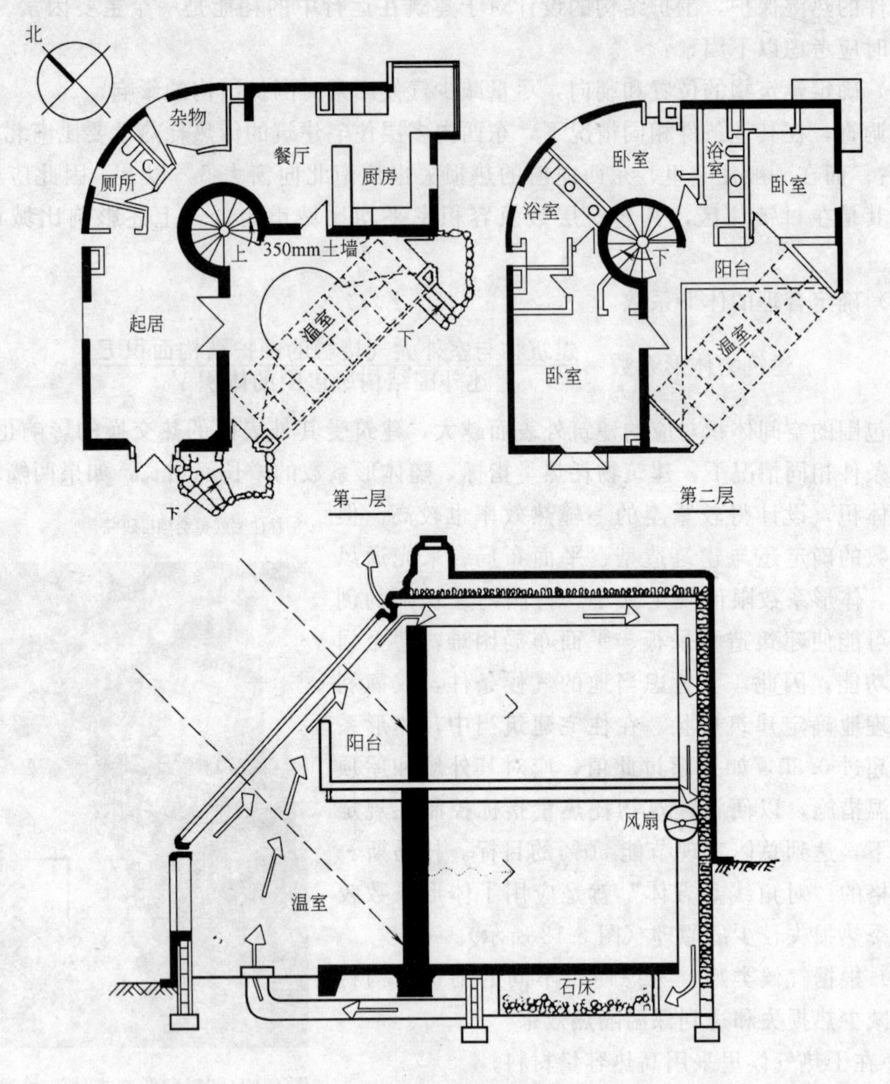

图 6-14 带有毗连温室的二层住宅平面与剖面示意图❶

环通道流动，沿途将顶棚与北墙内侧加热成低温辐射面，向室内供暖，并将剩余热量输进卵石储热床储存起来，以备夜间供暖。分隔温室与房间的南墙作成集热墙，白天储热，夜间供暖。夏季，日光间外侧设遮阳百叶，日闭夜开，必要时夜间还可定时开动风扇，将温室冷空气循环入通道，帮助室内降温。

（4）使用热效率高的材料

采用单一材料进行保温隔热已不合适，会大大增加建筑运营过程中的能耗，增加全寿命费用。目前，新型保温材料的种类很多，除考虑其物理性能外，还应了解它们的强度、耐久性、耐火及耐侵蚀性等是否满足要求。多孔材料因容重比较小，导热系数也小，应用最广；而无机材料的耐久性好，耐化学侵蚀性强，也有耐较高的温、湿度作用。材料的选择要结合建筑物的使用性能、构造方案、施工方法、材料来源以及经济指标等因素。

❶ 源自夏云等《生态与可持续建筑》。

外墙外保温技术适用于多种结构体系，具有保温功能好、构造合理、保温隔热效果优良、没有冷热桥、不占建筑使用面积、对主体结构有很好的保护作用、施工方便、投资增加不多、综合经济效益显著等特点。建设部正在组织编制外墙外保温的专项行业标准，以促进外墙外保温技术在中国各地区，尤其是在严寒、寒冷地区和炎热地区的发展。

近年来一种叫做 TDL 的外墙外保温及饰面系统技术被引进国内，这是从德国引进的先进技术及化工主剂，按照欧盟制定的标准建立的建筑保温系统。该技术已在北京恩济里小区内恩济公寓进行了试验。采用了 TDL 外墙外保温节能、装饰技术后，消除了热桥的传热影响，减少了建筑物的冷热冲击，采暖能耗指标和各围护结构的传热系数达到了国家最新颁布的节能指标。该项目净投资额 3.5 万元，年可节约原煤 76.3t，减排 $CO_2$142t，节约资金 1.83 万元；同时改善了用户的居住条件，减少了夏季空调耗电，节能效果显著。“TDL 外墙外保温技术在建筑外墙上的应用”项目，已被国家经贸委节能信息传播中心制作为节能案例向全国推广，适用于需进行保温隔热处理及外形装饰美化的新建房屋和旧房改造项目。专家预计，该技术将在采暖地区尤其是在严寒地区产生极大的市场。

（5）确定合理窗墙面积比

由于玻璃的热传导系数大，无论就采暖还是空调来说，均应严格控制窗墙的面积比，表 6-1 列出其规定数值。

（6）外围护结构的气密性

在我国，仍有 80%以上的窗达不到节能要求。而通过门窗缝隙的空气渗透耗热量，约占建筑物耗热总量的 23%～27%，若加上门窗面积的传热耗热量，则约占全部耗热量的 50%。由此可见，外门窗是耗热的重要渠道，是节能的重点部位。尤其是村镇住区，其钢、木门窗气密性较差，只有达到每小时每米缝长的空气渗透量≤2.5m³，才能达到节能优化设计。

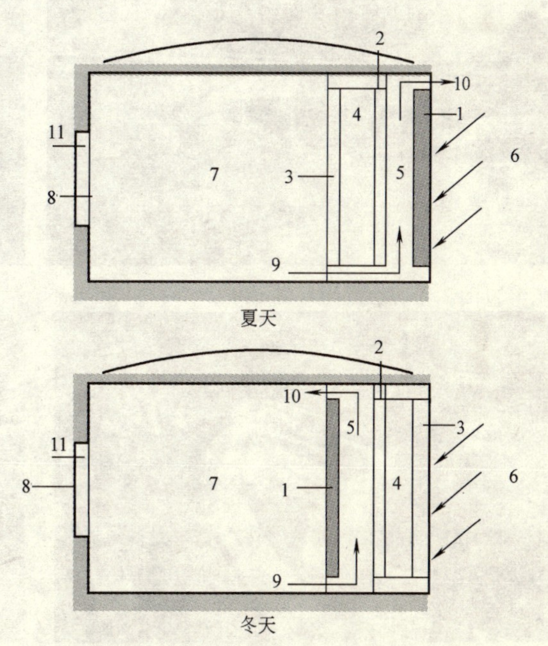

图 6-15 多用途太阳能空调窗结构示意图[1]

1—太阳能热反射发热玻璃或镀膜、贴膜玻璃；2、3—普通浮法玻璃；4—中空隔热腔；5—热能采集腔（集热腔）；6—室外南向阳面（太阳光热辐射源面）；7—室内居住空间；8—北向背阴面（凉爽空气补充面）；9—室内空气进入通道；10—集热腔空气流出通道；11—背阴面窗户

由大庆海丰能源技术研究有限公司研制开发的“多用途太阳能空调窗”在现有窗户保温防风雨尘沙等基础上，增加了载玻层数、提高了中空程度、应用了良好的密封技术，其保温防风雨尘沙作用有极大的提高。同时它还利用新技术充分利用太阳能光热能量，把它们全部转化为热能，用于白天对室内温度的提升，可提高室温 5～10℃。在冬天可以缩短供暖期和降低供暖温度，节能在

[1] 源自 www.hfnyuan.com 网站。

窗墙面积比 表 6-1

朝向	窗墙面积比	朝向	窗墙面积比
北	0.25	南	0.30
东、西	0.30		

65%左右。同时它还具有隔声降噪、抗冲击、防盗、防紫外线损害和眩光污染、方便清洁卫生（有翻转功能，清洁时只需在室内擦拭干净后翻转一下再擦另一面即可，方便安全）、提高角强度和抗风压能力、适用高层建筑的特点。

（7）利用传统的覆土屋顶、厚土坯围护结构及墙壁、屋顶的绿化隔热等

覆土屋顶之所以保温隔热性能好，其原因来自土壤的热工性质。厚重的土层所起的隔热作用使土中温升很低。干旱半干旱地区的突出特点是季节性和日温差大，但日温波动在土壤中仅有一定的深度，在此深度以外即无波动影响。通过建筑师的设计，覆土建筑也一样具有艺术魅力（图 6-16）。

图 6-16 几种覆土建筑示意图❶

墙壁、屋顶的绿化不但能够美化生活、增加绿色，而且对夏隔热、冬保温有节能的效益，在平屋顶、窑顶、墙面、阳台等处都可实施。图 6-17 是 2005 年日本爱知博览会进行屋顶绿化的图例，图 6-18、图 6-19 为日本“Acrox 福冈”在面向天神中央公园一面层层退台，由室外楼梯一直贯通屋顶做屋顶绿化的图例。

❶ 源自《GREEN ARCHITECTURE》。

图 6-17　2005 年日本爱知博览会服务性建筑屋顶绿化

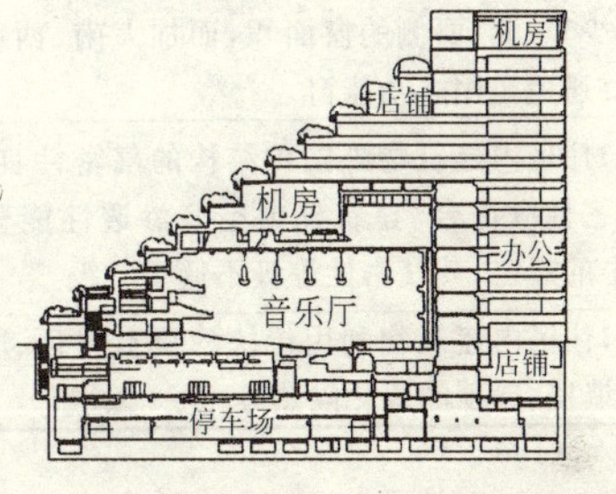

图 6-18　日本 Acrox 福冈建筑墙面立体绿化❶

图 6-19　从不同角度看 Acrox 福冈建筑墙面立体绿化

---

❶　源自"日本可持续的建筑设计方法与实践"，《世界建筑》1999（2）。

因此，在绿色住区综合评价中应考虑是否满足：

所要达到的目标	所能达到的要求				
	9(满足100%)	7(满足80%)	5(满足70%)	3(满足60%)	1(满足50%以下)
(1)确定住区内建筑物的位置和朝向，尽量减少气候因素对围护结构的影响					
(2)住区内建筑物具有合理的体形系数					
(3)根据气候类型，住区内建筑物考虑使用不同的围护结构材料，以减少热损失和达到隔热效果					
(4)充分使用热效率高的材料					
(5)从节能要求出发，合理确定住区内建筑物窗墙面积比。尽可能减少外窗面积，一个房间设一个换气口；尽可能减少东、北、西侧的窗面积，而加大南、西南和东南的洞口；要避免滥用多功能窗					
(6)住区内建筑物外围护结构的气密性良好，住宅外窗的气密性应符合《建筑外窗空气渗透性能分析及检测办法》中的规定，其气密性等级不低于二级					
(7)住区内建筑物利用传统的覆土屋顶、厚土坯围护结构及墙壁、屋顶的绿化隔热等					

6.2.4 清洁及可再生能源的使用（D_8）

《十五计划纲要》提出开发燃料酒精等石油替代产品，采取措施节约石油消耗，积极发展新能源，推广能源节约和综合利用技术。

所谓新能源是指石油、煤炭、天然气等传统能源之外的能源。它既包括太阳能、风力、地热等可直接利用的天然能源；还包括利用木屑、家畜粪便等生物有机体产生的生物能源，即可再生能源；此外还有废热、废弃物能源等，它们就存在于我们身边，是一种小规模、分散型的能源。根据绿色能源的利用方式，又可将其分为三大类：①可再生能源；②循环型能源；③传统能源的新利用方式。从有效利用地区资源、建立起既能确保经济增长又能控制温室气体排放的环保型社会经济体系来看，上述新能源是首选能源。

建设领域可再生能源利用的重点应是结合实际情况抓好以下几方面工作：一是太阳能光热在建筑中的推广应用及光电在建筑中的应用研究；二是地源热泵、水源热泵在建筑中的推广应用；三是热、电、冷三联供技术在城市供热、空调系统中的研究与应用；四是生物质能发电技术的研究与应用；五是太阳能、沼气和风能在集镇中的推广应用；六是垃圾燃烧在发电、供热中的应用。要解决建筑能源问题，各地区还要因地制宜地发展多能互补的复合能量利用系统，如太阳能技术和地热技术的结合等。

在我国，太阳能在大部分地区都具有良好的利用条件，全年日照时间最长的可达2800～3300h，年日照时数大于2200h（即每天平均日照时数大于6h）的地区，占国土面积的2/3以上，利用被动式太阳能采暖与热水、主动式太阳能采暖与空调以及太阳能发电等前景广阔。据检测，每平方米太阳能热水器（真空管式）在其寿命期内则可减少向大气排放燃煤造成的CO_2 25.66t，CO 136t，粉尘1120t，SO_2 352t，氮氧化合物908t。现在应用最广泛的是太阳能热水器，尤其是在黄土高原地区，日照时间长，价格适中，深受欢迎。而主动式太阳能采暖与空调及光电利用的技术含量较高，初始投资成本也较高，但随着技术的不断进步，成本将进一步下降，最终定会达到经济、实用的要求，并成为以后发展的主流。图 6-20 是日本 2005 年爱知世博会大量使用太阳能光热与光电技术的示例，图 6-21 是日本北九州市立大学国际环境学部利用屋顶太阳能光电板所做的挑檐。经过建筑师的设计与处理，太阳能光电板也成为建筑形体的一部分，成为形式美的组件。

图 6-20　2005 年日本爱知世博会太阳能利用示意图

图 6-21　日本北九州市立大学国际环境学部太阳能光电板挑檐示意图

图 6-22 所示为一太阳能沼气池，它与普通沼气池不同之处是利用太阳能空气集热器“4”加热空气，用风机“6”送入卵石储热床“5”，将热储存起来，使发酵温度保持较高，从而维持较高的产气量，尤其是在冬季最为明显。

中国是一个多温泉的国家，现已初步查明我国有温泉 3100 多处，地热井 3000 多眼。其中，温度大于 150℃有发电前景的水热型高温地热资源有 100 多处，发电潜力超过 670 万 kW。这类资源主要分布在藏、滇地区及台湾省。地热发电是节省燃料清洁环境的能源形式，温泉、地热水还有多种用途，都是应积极开发利用的可贵资源。温度小于 90℃的低温地热资源又称温泉，占整个地热资源的 90%以上，主要用于供暖、养殖、种植、旅游疗养等。目前，国内利用地热进行冬季供暖的建筑面积已超过 $3km^2$，仅京、津地区就

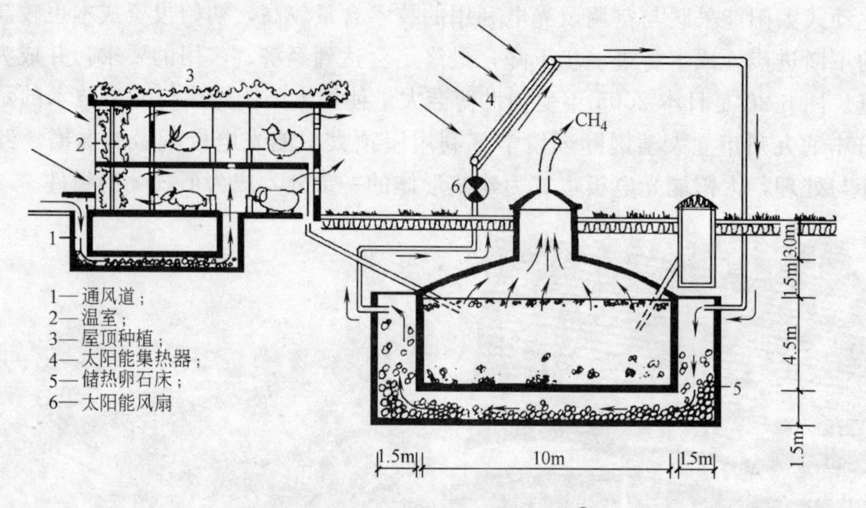

图 6-22 太阳能沼气池示意图[1]

超过 2km²。我国地热开发利用已有了一个良好的开端，如能加强科学管理，开展综合利用，前景十分诱人。

风力发电在欧洲相当普遍，特别在荷兰、德国更成为重要能源之一。在我国新疆也已有所起步，预计未来在我国风力资源丰富的西北地区发展前景极其广阔。当前全世界风力发电装机容量为 4000 多万千瓦，而我国仅为 76 万 kW，而 2020 年预计将要达到 2000 万 kW。

图 6-23 风力发电装置示意图[2]

当前，建设部正在全国范围内大力推广可再生能源在建筑领域的规模化应用，着力解决资源节约与城乡建设中的突出矛盾，努力建设节约型城镇。其中地源热泵、水源热泵在建筑中的推广应用是其部署的六大重点工作之一。它是一种利用浅层和深层的大地能量，包括土壤、地下水、地表水、海水等天然能源作为冬季热源和夏季冷源，然后再由热泵机组向建筑物供热供冷的系统，目前国外已大面积推广使用的是埋管式地源热泵技术。和传

[1] 源自夏云等《生态与可持续建筑》。

[2] 源自《GREEN ARCHITECTURE》。

统的能源相比，地源热泵是一种清洁能源，它的CO_2、SO_2、NO_2排放量，分别比传统能源减少68%、93%、73%，从而改善城市大气污染，缓解热岛效应。同时，由于地源热泵系统的换热器埋于地下，可以保证运行50年，期间不需任何维护，因此安装后可以节省大笔维护费用。

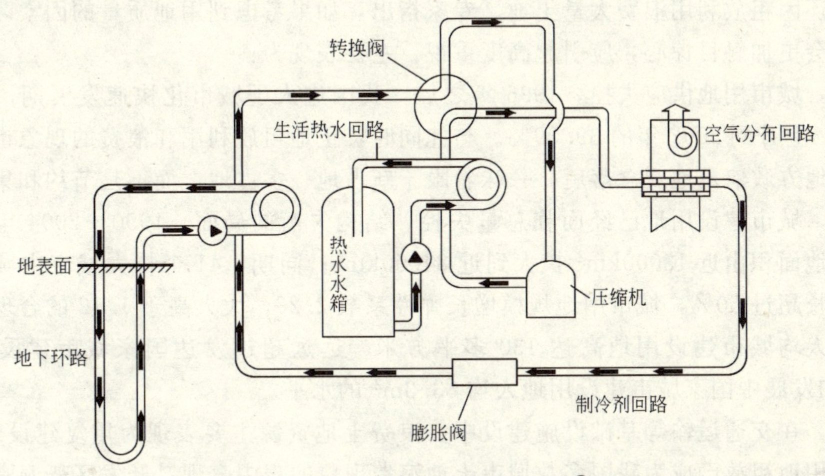

图6-24 地源热泵工作原理示意图[1]

由于受科技水平、资金条件、地域、时间、资源等多方面因素的限制，至少在短期内，新能源快速、大规模的应用和推广存在着许多困难，可谓“远水解不了近渴”，故关于传统能源的新利用方式，也是绿色能源之路的另一个层次。我国传统能源的基本特点是富煤、贫油、少气，这就决定了煤炭在一次能源中的重要地位。虽然化石燃料的不可再生和引发的生态环境恶性化的后果促使人们努力开发核能、氢能等新的能源技术，然而能耗结构的转化是革命性的变革，需要一段较长的技术准备和过渡时期。

天然气是相对清洁、优质、使用方便的能源，它燃烧时CO_2的释放量只有煤炭的一半左右，比石油还少1/3，并且不像煤炭燃烧后留下大量煤灰和煤渣，我国已在许多城市推广使用天然气的汽车，而在韩国干脆将汉城定为清洁能源区，主要使用天然气。据2004年3月24日《环球时报》报道：天然气在全球能源消费中的比例约为24.3%，而目前在我国，天然气在一次能源消费中所占的比例不足3%。中国高层领导人已经充分认识到天然气的战略地位，如各项政策得以落实，估计到2020年时，天然气在我国一次能源消费中的比重将提高到8%～10%。

因此，在绿色住区综合评价中应考虑是否满足：

所要达到的目标	所能达到的要求				
	9(满足100%)	7(满足80%)	5(满足70%)	3(满足60%)	1(满足50%以下)
(1)新能源的使用量应达到住区总能耗的10%以上					
(2)常规能源使用结构应进行系统优化					
(3)建筑节能应严格按照建设部发布的《民用建筑节能管理规定》执行					

[1] 源自 www.sdhailifeng.com 网站。

6.3 土地开发利用（C_4）

国土资源部专家在最近指出，我国的城市化和工业化不仅直接造成了10年减少1亿亩土地，还因粗放利用浪费大量土地。专家指出，如果考虑到用地质量的因素，土地浪费的现象将会更加触目惊心，应引起高度重视。主要表现为：

首先，城市用地供应失控。1996年之后，我国进入了城市化快速发展期，城市化率由30.48%上升到2002年的39.09%。与此同时，土地粗放利用和浪费的现象也越来越严重。一些地方政府用地观念落后，一味着眼于新占地、多占地，而不是节约和集约利用好存量土地，城市建设用地已经面临总量失控、结构失衡的局面。1990～2004年，全国城镇建设用地面积由近13000km^{2}扩大到近34000km^2；同期，41个特大城市主城区用地规模平均增长超过50%，城市用地规模增长弹性系数2.28，大大高于1.12的合理水平。目前，我国人均城市建设用地高达130多平方米，远远超过发达国家城市建设用地人均82.4m^{2}和发展中国家城市建设用地人均83.3m^{2}的水平。

其次，在交通运输等基础设施建设中，浪费土地资源主要表现为重复建设现象严重；而开发区用地粗放已成为我国多数城市土地浪费现象的集中表现，开发区普遍资金投入不足，开发程度不够，土地利用率低。

据研究，在未来近10多年时间内，中国的城市化水平将从目前的37%上升到65%。同时，伴随网络时代的到来，中国大城市的郊区化也已经开始，并日益严重。当代中国的人地关系危机主要表现为人口负重与土地资源紧缺的矛盾，高速的城市化进程加剧了这一矛盾。在城市建设中，采用高密度、混合型开发模式可以提高土地开发的密度，并营造富有吸引力、社会凝聚力和低能耗的人居环境。人们应当保持现有城市地区的人口和就业密度，以避免人口和设施向郊区和绿化地带扩散；应当充分利用有公共交通等基础设施存在的地方，增加那里的人口和活动；在开发郊区时，应当使建有零售和商业园区的乡村地带城市化，在这些建筑周围修建高密度的住宅区。

村庄用地大量闲置也是不能忽视的现象。据国土资源部统计，2004年全国村庄用地2.48亿亩（1亩=0.0667hm^2），按当年度农业人口计算，人均村庄用地高达218m^2。与此同时，有些村庄经济发展了，新建住宅像摊大饼一样不断向四周扩张，而位于村庄中心的老村区则保留了大量破旧建筑，且许多已经无人居住，形成了“空心村”。

对于村镇住区而言，需贯彻“节约资源、减轻生态压力”的原则。应实施综合配套的土地管理机制，建立珍惜合理利用土地的自我约束机制，统筹安排，让出生态与农耕作业空间，严格控制新宅基地的审批，且要尽量占用边坡等非耕地。并结合生态环境景观制定规划，做到统一标准，整体谋划。使村镇规划和区域规划、合村规划等很好地结合，据点式发展和网络式发展很好地结合，逐步建立保障社会、经济和生态环境效益协调发展的区域管理体系，以期做到区域水源、资源共享，共同配合的基础设施建设、水土保持及“三废”处理等。

绿色住区构建的成败与选址有直接的关联。在选址的过程中，应进行多方面的比较。必须全面考虑建设地区的自然环境和社会环境，对选址地区的地理、地形、地质、水文、气象、名胜古迹、城乡规划、土地利用、工农业布局、自然保护区现状及其发展规划等因素进行调查研究，应特别注意不能大面积地征用“粮、棉”等种植的良田，以符合国家“耕地保护”的国策。

基于绿色住区的观念，对土地的开发利用，应包含：（1）不占或少占耕地并留有发展余地；（2）不超过地段生态承载能力、能创造良好的小气候、便于与区域基础设施接轨等的选址；（3）节能节地型的建筑体量与形式等内容。

6.3.1 非耕地使用情况及发展余地（D_9）

我国土地资源的特点可以概括为“一多三少”，即总量多，人均耕地少，高质量的耕地少，可开发后备资源少。全国已有 666 个县突破了联合国粮农组织确定的人均耕地 0.8 亩（1 亩＝0.0667hm^2）的警戒线，其中 463 个县人均耕地已不足 0.5 亩。在我国有限的耕地中，缺乏水源保证、干旱退化、水土流失、污染严重的耕地占了相当大的比例，而后备资源已严重不足。据调查，我国现有土地后备资源 2 亿亩，其中可开垦成耕地的只有 1.2 亿亩，考虑到生态保护的要求，耕地后备资源开发受到严格限制，今后通过后备资源开发补充耕地已十分有限。

由于基本建设等对耕地的占用，目前全国的耕地面积以每年平均数十万公顷的速度递减。《建设科技》杂志 2005 年第 6 期发表了中国城市规划协会会长赵宝江撰写的“科学规划，节约用地”的文章，谈到中国必须保证 16.5 亿亩耕地的底线，我国 7 年来耕地减少 1 亿亩，目前耕地是 18 亿亩，其中基本农田 17 亿亩，已经接近底线了。他着重指出：关键是控制人均用地量，特别是控制整个城市和城镇的人均用地量。有关资料显示，两者相比，村镇用地量大大超过城市，2002 年，全国城乡建设用地 203400km^2，其中城市为 36300km^2，村镇为 167100km^2，因此，不仅要控制城市的用地量，还要控制村镇的建设用地量，这是我们义不容辞的责任。

按联合国沙漠会议规定，干旱区每平方公里土地负荷人口的临界指标为 7 人，半干旱地区为 20 人，而当今黄土高原人口已达 70 人/km^2，而且，人为开荒种地后经短期粗放经营，部分县市已有近半的开荒地成为沙化和退化的撂荒地。如何有效利用土地，提高土地承载力已是当务之急。

因此，在绿色住区综合评价中应考虑是否满足：

所要达到的目标	所能达到的要求				
	9(满足100%)	7(满足80%)	5(满足70%)	3(满足60%)	1(满足50%以下)
(1)尽量不占或少占耕地					
(2)调节、限制建设、采矿、农林牧及旅游等规模，留有发展余地					

6.3.2 选址（D_{10}）

在选择场地时，应在有关经济、计划、企业管理、社会规划学专家的协助下，分析及评价其区域位置、地价、地块条件、市政设施状况、城市规划要求及其他现状条件与建设条件。

在考虑场地与环境的关系时，较普遍的方法是运用麦克哈格的“生态的土地使用规划”。这种方法包括从地段的植被、土壤、地表水、排污、地形地貌、地质水文等方面加以简化图解，并通过“复合图”的方法，获得与自然系统承载力相关的分布方案。建筑和道路依照这一分析结果被布置在对生态系统压力和影响最小的适宜位置上。如地形和相邻土地形式影响建筑面积大小、风荷载、排水策略、地平标高和主要的重力流污水管线走廊；地下水与地表径流特征决定建筑的位置以及转移暴雨径流的自然渠道和径流滞留池的位置；土壤构造及其承载力决定建筑在场地上的位置和所需要的基础类型等等。

在城市中还应考虑每年和每日的气流分布，它特别影响复合建筑的位置，以避免截留阴冷潮湿的空气或在酷热的时候阻挡了有利的凉爽微风；对于更大的地段还需考虑减少购物等频繁短途出行对汽车的依赖，规划中要考虑到达公共空间的便利程度，以减少经济的投入与对环境的干扰。

在总体规划中还应计算对现有自然系统干扰的程度，如为湿地的存在和濒临灭绝的物

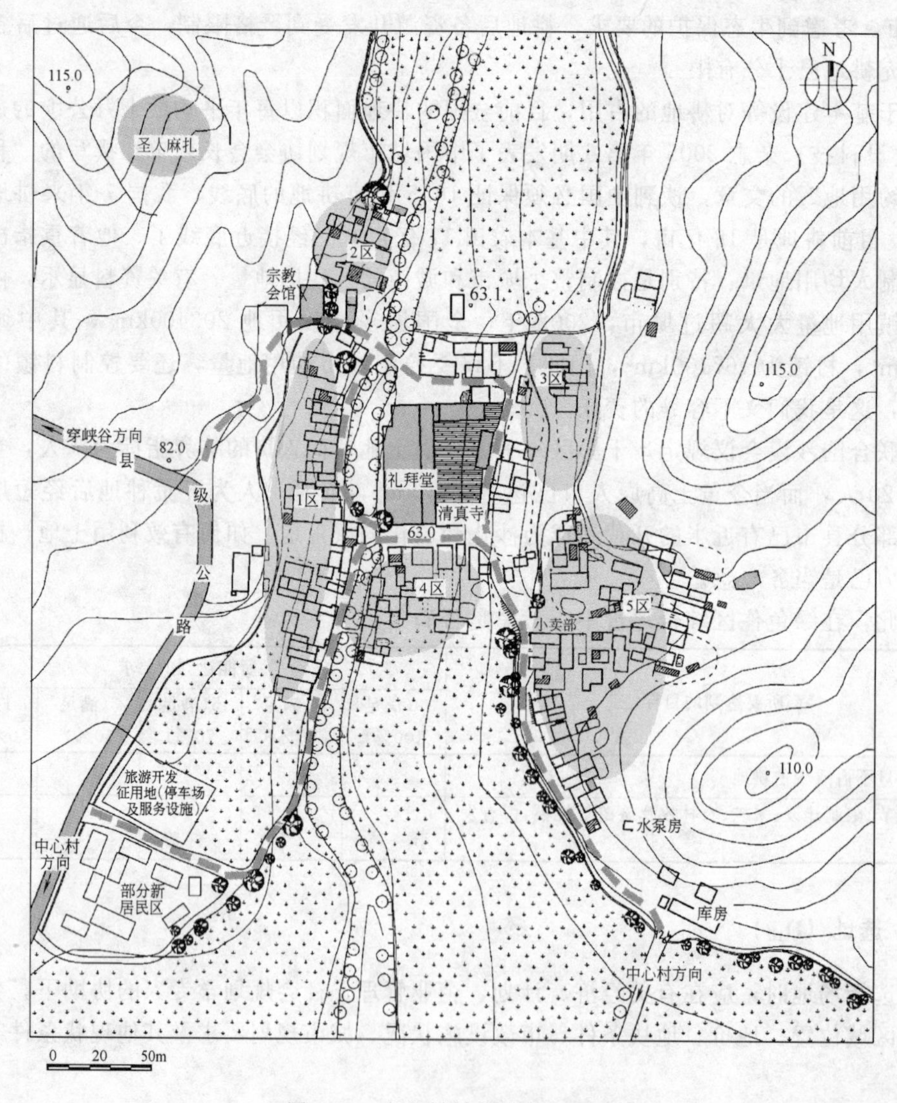

图 6-25 麻扎村村落结构分区图

种而评价场地的生态系统。建筑项目也需要与大型运输工具、交通基础设施、市政和电讯管网相联系，在选址时尽量利用现有的公共设施、管网，这种合并能使场地的破坏实现最小化，并有利于建筑的维修和检查，这将使场地破坏最小以及将建筑资源消耗和费用最少的施工方法结合起来。

新疆吐鲁番盆地干热气候区内的传统村落选址没有内地汉族文化圈的风水理论支撑，但是趋利避害，选择适于生产、利于生活的大原则是一致的。基于自然环境的特殊性和传统村落的农耕性质，该区域的传统村落选址有其特有的表象，一是必须与绿洲相依，有绿洲才会有村落；二是更为依赖水资源的分布；基于绿洲对水资源依赖的考虑，可以把两种表象进行实质的合一，即这个区域内村落必然与水相依。这种水的形态也许是河渠或是坎儿井，近年来也包括利用地下水的机井。在上述原则的基础上，村落的选址当然是突出“更”利于。在同一地区大自然环境下，会有不同的小区域环境并存。传统村落选址最佳处——其实是小环境最佳的地点。适应恶劣的自然条件，优先选择周边环境相对良好的山间谷地、河道边缘，以削弱高温、大风和干旱对人们生产生活环境的影响。这从吐峪沟麻扎村已有千余年村落历史上可以印证。图 6-25 和图 6-26 是麻扎村村落结构分区图与水系绿地图[1]。

因此，在绿色住区综合评价中应考虑是否满足：

所要达到的目标	所能达到的要求				
	9(满足100%)	7(满足80%)	5(满足70%)	3(满足60%)	1(满足50%以下)
(1)选择在对生态影响最小的地段上设计，如避开湿地、成熟的植被，避免不良的环境影响，与周边关系协调					
(2)考虑环境承载力(如用地状况、性质、规模、人口密度等)					
(3)易于步行或到达公共空间，交通便利，电信畅通					
(4)考虑与已有基础设施的衔接，减少市政设施连接长度					

6.3.3 建筑体量与形式（D_{11}）

美国国家公园出版社出版的《可持续设计指导原则》界定了有关自然资源、文化资源、基础设计、建筑设计、能源利用、供水及废物处理方面的可持续的定义，它所提出的设计目标中，有一条很重要的目标就是坚持“越小越好”，以便减少体量，将建设及运行中所需要的资源减至最少。

在城市中，对土地的开发利用都是高效的，常需要在很小的场地上获得高容积率。因此适当增加高层建筑的数量，在有限的地面空间中争取更多的建筑面积，不但有利于节约市政设施，从土地利用上也是较经济的。节约的土地可用作绿化等用地或开放空间，有利于人居环境的改善；同时在考虑其形式时，应选用体形系数较小的形式以利于节能。

在城市住宅方面，根据国内外经验，在优化设计中可考虑采用“大进深、小面宽”的

---

[1] 西安交通大学杨晓峰硕士学位论文《吐鲁番盆地内干热气候区民居及村落环境研究》。

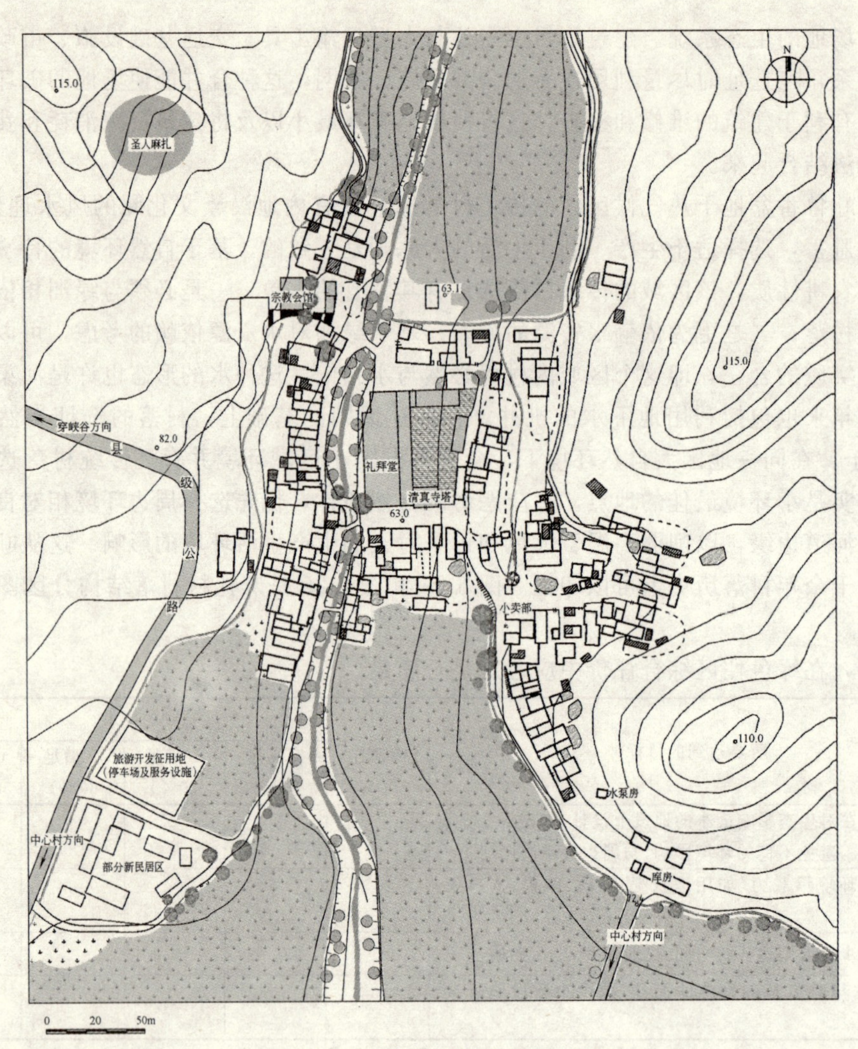

图 6-26　麻扎村村落水系绿地图

住宅（最多可以加大进深至15m，缩小面宽，范围为5.7～7.5m）；高效利用空间（如复变夹层）住宅；北向退台阶住宅；坡屋顶的住宅，空间复变型住宅等，都有一定的节地效果。

在村镇住区中，可考虑对应风土特色的节地建筑形式。如在延安枣园绿色示范新住区中，就利用其沟坎坡地建造新型窑居建筑，而不占或少占耕地。现在这一模式已在延安地区普及推广，受到各方面的欢迎（如图6-27所示）。

因此，在绿色住区综合评价中应考虑是否满足：

所要达到的目标	所能达到的要求				
	9(满足100%)	7(满足80%)	5(满足70%)	3(满足60%)	1(满足50%以下)
(1)在继承传统文脉与保证舒适性前提下，坚持"越小越好"，采用适当的层高和体量					
(2)选择对应风土特色的节地建筑形式(如窑洞、覆土建筑等)					

图 6-27　延安某住区利用沟坎坡地及窑居形式示意图

6.4　资源使用（C_5）

对于中国来说，可持续发展的核心是发展，发展的前提是合理利用资源，在资源使用上要有序有偿、供需平衡、结构优化、集约高效，增强资源对经济社会可持续发展的保障能力，保护人类赖以生存的环境。

以往的营建体系，是一个以人为中心的自然、经济与社会复合人工环境系统，它的营建方式和技术原则是线性的和非循环的，其运行模式是：资源—建筑—废物。绿色住区将一改现代城乡常见的“高消耗、高能耗、非循环”的运行机制，而是通过组织（设计）提高一切资源的利用效率，力求做到物尽其用，地尽其利，人尽其才，各施其能，各得其所，物质、能量得到多层次分级利用，废弃物循环再生利用，各行业、各部门之间的共生关系协调，获得一种高效、低耗、无废、无污、生态平衡的人居环境。

在城市发展中，土地及水资源、矿产、建材、旅游等资源的不合理开发利用是造成生态环境恶化的主要原因。城市的建设和工程建设普遍存在重开发轻保护的现象，对资源采取粗放型开发利用方式，很少考虑生态环境的承载能力。因此，绿色住区中的资源使用要坚持统筹兼顾、综合决策、合理开发，正确处理资源开发与环境保护的关系，坚持在保护中开发，在开发中保护；近期与长远统一、局部与全局兼顾。

在节约建材方面，要进一步研究开发和推广应用安全、耐久、节材的建筑结构体系。包括预应力混凝土大开间结构体系、混凝土混合结构体系、轻钢结构体系、新型砌体结构体系以及配套部件与产品；要积极推广应用高性能、低材（能）耗、可再生循环利用的建筑材料，因地制宜，就地取材，开发和推广应用轻质高强的建筑材料与部品；加快住宅建筑部件的标准化，积极推进住宅建筑部件的工厂化生产；强化建筑施工中的节材和材料的重复利用，要提高建筑品质，延长建筑物使用寿命，努力降低对建筑材料的消耗；要积极研究和开展建筑垃圾与部品的回收和利用，研究提出生活垃圾处理资源回收利用的指导意见，促进废物回收利用产业的发展，积极采用秸秆等产品制作植物纤维板等。

我国的水土流失面积 3560000km²，占国土面积的 37%。特别是人为水土流失仍呈加剧的趋势，每年新增人为水土流失 15000km²，影响国家西部大开发战略和全面建设小康社会目标的实现，制约我国经济社会的可持续发展，对国家的生态安全构成威胁。众所周知，只有区域生态环境改善、水土保持状况好转，绿色住区的建设才有前提。为此，水土保持应从农村、农业、山区逐步向城镇、平原风沙区扩展，不断扩大水土保持工作领域，满足人们提高生产、生活质量的要求；应坚持“预防为主，保护优先”的原则，控制人为水土流失，全面加强预防保护工作，依法保护和合理利用水土资源；要从单一防治水土流失向水土流失防治、水资源保护、水污染（主要是面源污染）治理的综合性工作方面转变，加大植被封禁保护力度，利用生物技术防治水污染，净化水源，提高水环境修复质量。另外应从注重治理水土流失向充分利用大自然修复能力、搞好大范围的生态修复转变，促进人与自然的和谐相处，加快防治速度。

水资源短缺一直是我国的一大问题。目前，我国 660 多个城市，有 2/3 的城市供水不足，节水任务依然艰巨。应充分认识推进全国城市节约用水工作，是缓解城市水资源短缺压力，实现城市用水良性循环，加快建设资源节约型社会的重要举措。在住区建设的节水方面，我们需要推广已有的中水处理与再利用的适用技术和设备，研究开发新的经济实用的处理与再利用系统；推广已有的雨水收集与再利用技术，研究开发新的雨水收集与再利用系统；研究应用供居住区采用的经济实用的景观水生态处理系统；开发利于雨水渗透补充地下水资源的材料与产品等。

本准则包括了当地天然建材、3R 及长寿命耐用建材等“绿色”建材的使用状况以及水土保持、水资源开发及循环使用和节水措施，充分考虑资源的节约及再循环。

6.4.1 当地天然建材的使用（D_{12}）

使用当地的天然材料及当地建筑产品，可避免生产、建筑运输过程中的能源消耗及污染并降低成本。在村镇地区，使用当地天然建材的情况较普遍，虽然由于经济情况所限，但却很容易继承原有的施工技术，找到合适的施工人员，找回特定人群对于地域建筑文化的认同感，将被现代建筑冲断的地域建筑文脉接上，有利于保持其乡土特色，并能减少生产、建造、运输过程中的能源消耗，而且它们大都可再生利用和循环使用，从而减少建筑垃圾。

低造价的地方建筑材料，如黏土、红土；石灰、火山灰、石膏；热带木材及硬质木材；以及各种石材等，仍在广泛应用，其趋势是努力改善性能，并力求使用合理。例如：在生产土坯时，在土中加入沥青溶液以提高土坯墙的防水性能，在土墙内用地方材料（如树枝、竹片等）加筋，以提高土房的抗震性能等。

在延安枣园村，窑脸的石材装饰块全由匠人手工加工而成，非常具有地方特色（如图 6-28 所示）。英格兰地区的绿色乡村住宅，泥墙草顶飘逸而质朴（如图 6-29 所示）。这些取自现场的材料不但使建筑完全融入了周围的环境，而且摆脱了经济条件对建筑设计的制约，并巧妙地遮掩了恶劣的施工条件对建筑造成的不足。日本国立九州博物馆的室内使用自然材料作为装饰素材，简洁而纯净、细腻而质朴，体现了设计者独到的设计理念（如图 6-30 所示）。

图 6-28　枣园村示范新窑窑脸外观

图 6-29　英格兰乡村住宅外观❶

图 6-30　日本国立九州博物馆室内木构架示意图

在 2005 年日本爱知世界博览会上，在建筑材料的选择上充分体现出世博会的主题："自然的智慧"，各个国家的展馆采用的材料都力图展示与自然的和谐共处和资源的循环利用与保护，特别是主办国日本馆采用麻织天然材料作为展馆外围护材料颇具匠心（如图 6-31、图 6-32 所示）。

因此，在绿色住区综合评价中应考虑是否满足：

<table>
<tr><th rowspan="2">所要达到的目标</th><th colspan="5">所能达到的要求</th></tr>
<tr><th>9(满足100%)</th><th>7(满足80%)</th><th>5(满足70%)</th><th>3(满足60%)</th><th>1(满足50%以下)</th></tr>
<tr><td>(1)使用当地的自然材料及当地建筑产品宜达到 70%以上，避免生产、建造、运输过程中的能源消耗及污染并降低成本</td><td></td><td></td><td></td><td></td><td></td></tr>
<tr><td>(2)使用当地的自然材料及当地建筑产品应具有"绿色、健康、节能"的优点</td><td></td><td></td><td></td><td></td><td></td></tr>
</table>

6.4.2　3R 建材及长寿命耐用建材使用（D_{13}）

3R 是指 REDUCE、REUSE、RECYCLE。

---

❶ 引自《GREEN ARCHITECTURE》。

图 6-31　2005 年爱知博览会日本馆外观

图 6-32　2005 年爱知博览会非洲馆外观

REDUCE：它有三个层面的含义，即节能、节省以及减少对环境的影响。

REUSE：即再利用，进行再利用可以减少不必要的新的投资、资源消耗及由于建造新的建筑和拆除旧建筑所造成的环境污染。人类的生产、消费由“非循环”到“循环”模式的转化，是实现人类社会可持续发展的重要条件。建筑作为人类生存、生活的重要凭借物，它的生产与消费也必须纳入到可循环的模式中来。

RECYCLE：按照生态学观点，在一个生态系统中，物质总是不断循环重复使用的，因此在绿色建筑中应体现循环使用，师法自然生态系统内部运作的循环机制，使建筑原料—建筑—建筑废料循环不断，并加强循环中废气、废水、废渣的综合利用和技术开发，变废为宝。老子曾云：“周行而不殆，可以为天下母”（《老子》第 25 章），意即不停的循环运行，可算作天下万物的根本。

自然界是一个有机庞大的系统，当高层系统解体时，低层系统保持相对稳定，这些低层系统在条件成熟的新情况下，又可形成新的高层系统，这就是自然界的经济法则——节省原则。对旧建筑解体后所产生的大量建筑垃圾和旧建材，我们应对其仍能利用的部分进行分门别类的收集、集中处理，在建造新的建筑时，能够使其再次发挥作用，这样就不会为新建和生产新的建筑材料而消耗更多的自然资源，减少环境污染。以我国为例，生产建材耗能占全国的 25%，每年废气排放量 10965 亿 m^3，这些数字是触目惊心的，而对能源的消耗和对环境的破坏也是有目共睹的。

3R 建材的使用包括建筑物在建设与运行全过程中可循环使用材料、可重复使用材料及可再生材料的使用状况。建筑的使用期限越长，它在使用期间对环境的不良影响就可能得到越多的补偿。设计和建造具有更好的适应性以适应使用要求变化的建筑也可以延长建筑的使用时间。为实现这些目标的措施应该包括：使用耐久性好的材料，防止材料过早老化，易于维护管理和更换的设计，适应性好的设计。建筑材料的可再生利用及长寿命可以减少资源的消耗以及对环境的负面影响。因此，我国应考虑：

（1）发展大幅度减少建筑能耗的建材制品，如具有轻质、高强、防水、保温、隔热、隔声等优异功能的新型复合墙体和门窗材料；

（2）开发具有高性能长寿命的建筑材料，大幅度降低建筑工程的材料消耗和提高服务寿命，如高性能的水泥混凝土、保温隔热、装饰装修材料等；

（3）开发工业废弃物再生资源化技术，利用工业废弃物生产优异性能的建筑材料，如利用矿渣、粉煤灰、硅灰、煤矸石、废弃聚苯乙烯泡沫塑料等生产的建筑材料；大力提倡在建筑施工过程中使用含有可再生成分和有效回收成分的建筑材料；拆除旧房时的一些装饰性材料、设备和窗户可经重新整修后再次利用，旧建筑材料也可充作新建筑物的填充与隔热材料等。

（4）发展能治理工业污染、净化修复环境或能扩大人类生存空间的新型建筑材料，如用于开发海洋、地下、盐碱地、沙漠、沼泽地的特种水泥等建筑材料。

（5）扩大可用原料和燃料范围，减少对优质、稀少或正在枯竭的重要原材料的依赖。

河北宣化绿环新兴建材厂研制开发的“省地节能轻体别墅”（图 6-33），是适应国家建设节能型社会的需求，推进“社会主义新农村建设”，提供高效、低价、环保、节能、实用的产品而潜心研制的。它是目前国内结构最轻、节能性能最好、建筑成本较低的建筑，是利用农林废弃物生产的循环经济建材，来建造省地、节能、环保住宅的较好方案。它采用的生产原料是农林废弃物秸秆、锯末、荒草和大柴等，是可再生资源，同时解决了农民防火烧秸秆的污染问题。新产品采用轻体框架和轻体墙板、屋面板，从而使整个建筑自重减小，大大降低建设成本。

图 6-33　省地节能轻体别墅示范建筑图❶

新产品具有极高的保温隔热功能，是达到或高于国家节能标准的高效节能建筑，适用于我国热、温寒全部地区，尤其是三北高寒地区。特别是该类建筑施工便捷，能快速完成。由于新产品采用所有构件工厂化生产，现场施工便捷快速（两层别墅 10 天完成，三层别墅 15 天完成），不需要大型专业工程队伍，只需 3 级建筑施工单位便可按图安装，非常适宜在村镇地区推广。

因此，在绿色住区综合评价中应考虑是否满足：

所要达到的目标	所能达到的要求				
	9(满足100%)	7(满足80%)	5(满足70%)	3(满足60%)	1(满足50%以下)
(1)寻求在建成环境相同物理状况下易于再利用的建材					
(2)寻求在较低级形式中可以再利用的建材					
(3)寻求在同等状态下能在别处获得再利用的建材，建筑物拆除时，材料的总回收率应能达到40%					
(4)建设采用的建筑材料中，3R材料的使用量宜占所用材料的30%以上					
(5)使用耐久性强的建筑材料，且便于对建筑保养、修缮、更新的设计，以实现建筑的长寿命					

❶ 源自 hbxhlhjmcl.cn.alibaba.com 网站。

6.4.3 水土保持（D_{14}）

中国是世界上水土流失最严重的国家，每年有100多亿吨沃土付诸东流，相当于流失1000万亩（1亩＝0.0667hm^2）耕地上的30cm厚耕作层，所流失的土壤养分相当于4000万t标准化肥，即全国一年生产的化肥中氮、磷、钾的含量，而有机质的损失则永难弥补。

水土流失是造成我国每年荒漠化面积以大得惊人的速度扩展的主要原因之一。另一大危害是河床抬高，水患频繁，尤其是我国西部地域广阔、地形起伏大、河川水系发育，加之大范围的毁林开垦和人类活动，造成了大面积的水土流失，它是造成西部生态环境恶化的重要原因，同时也对东部的发展形成了威胁。因此，为了控制水土流失，必须解决好退耕还林（草）及河流综合治理问题。

以延安为例，1994年延河流域世界银行贷款项目获得通过，预期8年治理水土流失面积1317.7km^2，1996年底延河项目新增综合治理开发面积501.3km^2，包括了延安市枣花流域（含枣园、万花、桥儿沟3个乡）、安塞县侯家沟流域等地区。甘肃省庆阳地区的马莲河流域和蒲河流域治理也是世界银行贷款项目，其小南沟小流域示范区经过近20年的综合治理和封禁保护，坝地的果树长势喜人，山坡上林草植被郁郁葱葱，被称为“花果山”（如图6-34所示）。

图6-34 小南沟小流域示范区（种植了很多果树苗）

只有区域生态环境改善、水土保持状况好转，绿色住区的建设才有前提，同时在建设中，要防止建设过程中对水土保持的负面影响。例如，现代城市的地表逐步被建筑物和混凝土等阻水材料所覆盖，形成生态学上的“人造沙漠”。因此在选择铺地材料时应选用透水性或“多孔”的铺地材料，对于环境大有好处（图6-35、图6-36）。应注意以下几点：一是力争保留最多的绿地，因为绿化的自然土壤和地面是最自然、最环保的保水设计；二是在挡土墙、护坡、停车场、负重小的路面等大面积铺砌部位，尽可能采用植草砖、碎砖、空心水泥砖等透水铺面；三是高密度开发地区，无法保证足够裸地和透水铺装时，可采用人工设施辅助降水渗入地下，常见的设施有渗透井、渗透管、渗透侧沟等。按照国际上生态城市的建设要求，地面应尽量减少混凝土覆盖面积，采用自然排水系统，以利于雨水的渗透，理想指标是80％的裸露地具有透水功能。水泥、柏油地面除不透水外，导热

图 6-35 某透水铺面停车场[1]

图 6-36 某小区绿化步道的透水设计

性也很高，而石板路及植草砖路等，其缝隙中的草、土壤和水分能起到降低地面温度的作用。所以，国外的巴黎、伦敦等名城，除了车流量高的交通干道需要耐磨、降噪、经得起压的高强度路面外，步行街、人行道、停车场等处的生态道路比比皆是，数世纪以前的石板路，也被完整地保留了下来。

现在，一种全新的透水路面材料被研制出来，它是由一定级配的天然彩色石子和特种胶粘剂等材料构成，可广泛用于广场、人行步道、住宅小区、公园、工厂区域、轻型停车场等景观路面的铺设，还可设计制作透水艺术树坑、室内外地面、墙壁装饰。与传统路面材料相比，该产品具有如下优点：自然降水，能够迅速透过路面材料渗入地表，使地下水资源得到适时补充；提高地表的透水、透气性，保持土壤湿度，改善城市平衡；吸收车辆行驶所产生的噪声，吸附大量的粉尘，防止路面积水；夜间不反光，改善车辆行驶及行路人的舒适性、安全性、防滑性；路面具有较大的空隙率，能够积蓄较多的热量，有利于调节地表的湿度，消除“热岛现象”；色彩丰富，图案多样，充分与周围的环境相结合（图 6-37，图 6-38）。

图 6-37 某透水路面停车场[2]

图 6-38 某透水路面广场[2]

---

[1] 源自我国台湾林宪德等《绿建筑解说与评估手册》。

[2] 源自www.ylyuhe.com 网站。

因此，在绿色住区综合评价中应考虑是否满足：

所要达到的目标	所能达到的要求				
	9(满足100%)	7(满足80%)	5(满足70%)	3(满足60%)	1(满足50%以下)
(1)与地域水土保持系统相协调(如水利设施、森林覆盖率、小流域治理等)					
(2)在住区设计和使用中,考虑对地形和水文方面的影响					
(3)通过保护自然系统来恢复土壤、植被和地下水的渗透、净化和储存功能					
(4)尽可能减少铺地,恢复已建铺地的可渗透性,采用透水性铺装。在停车场和道路的铺面,绝对不能使用非透水性材料					
(5)完善住区屋顶和地表径流规划,避免雨水淹渍、冲刷给环境带来的破坏					

6.4.4 水资源开发及循环使用（D_{15}）

我国是世界上13个贫水国之一，多年平均水资源总量为28124亿m^3，排世界第6位，但我国人均水资源占有量仅为2170m^3，为世界人均水资源占有量的1/4，排世界第121位。我国水资源总量中，可用水储量只有1.1万亿m^3，而用水量自1949年以来平均每10年增加近1000亿m^3，目前已达5600亿m^3以上，预测到2030年，我国总水量将达到8000亿m^3，照此趋势，用不了很久，我国用水就将达到可用水储量的极限。据报道，现在我国年缺水总量约为300亿～400亿m^3，相当于黄河一年的径流量。全国669座城市中有400座供水不足，110座严重缺水；在32个百万人口以上的特大城市中，有30个城市长期受缺水困扰，由于供水不足，由此造成我国每年工业产值减少2300亿元。有关专家预测：水资源的承受能力将越来越羁绊中国社会经济发展的步伐。另外，调查显示：在长三角（长江以南）100000km^2的范围内，因为长期超采地下水，引起了区域性地面沉降与地裂缝等地质灾害。其中，上海市区、江苏苏锡常地区、浙江杭嘉湖等地已经形成三个区域性沉降中心，并且地面沉降在长三角地区有连成一片的趋势。同时，截止目前，全国浅层地下水大约有50%的地区遭到一定程度的污染，约有一半城市市区的地下水污染比较严重，地下水水质呈下降趋势。

图6-39 日本某小区雨水贮留池示意图[1]

水资源的开发利用要全流域统筹兼顾，生产、生活和生态用水综合平衡，坚持开源与节流并重，节流优先、治污

[1] 源自我国台湾林宪德等《绿建筑解说与评估手册》。

为本、科学开源、综合利用。如建立缺水地区高耗水项目管制制度；合理控制地下水开采；继续加大二氧化硫和酸雨控制力度；对于擅自围垦的湖泊和填占的河道，要限期退耕还湖还水，这些都是有效的措施。

在我国干旱地区或半干旱地区雨水贮留再利用将是非常重要的水资源。雨水储留再利用技术指利用天然地形或人工方法将雨水收集储存，经简单处理后再作为杂务用水。雨水储留供水系统包括平屋顶蓄水池、地下蓄水池和地面蓄水池几种。平屋顶蓄水是指利用住宅等的平屋顶筑池蓄水，随着屋顶防水技术的解决，这项技术将大有可为；地下蓄水池位于基地最低处或地下室中，雨水可以直接排入，上面仍可作活动场地；地面蓄水池可利用原有的池塘、洼地或人工开挖而成，按自然排水坡度将居住区分成几个汇水区域，每个区域最低处设蓄水池，使其兼备防洪、景观和生态功能（如图 6-39，图 6-40 所示）。

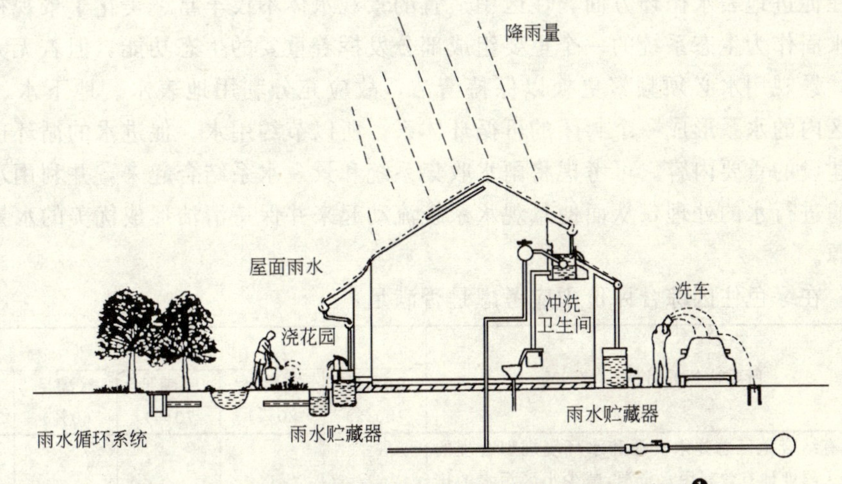

图 6-40　日本 OM 阳光体系住宅雨水循环系统示意图❶

由于缺水，黄土高原上一些地区，生态环境年年在恶化，导致水资源更加匮乏。2000 年 7 月在宁夏同心县的一个贫困乡，进行了新型土工布集雨场试验，这种集雨场造价低廉，蓄水成本低，集雨效率达到 98%，是传统形式的人工集雨场蓄水能力的 5～6 倍；在陕西的很多村镇，都有大面积的苹果园，很多农户都尝到了集雨水窖的作用，建者越来越多。由全国妇联在 2000 年发起的营造“母亲水窖”的行动在黄土高原上一些地区开展后，已取得了重大成就，不仅解决了人畜生活用水问题，而且使许多农户达到了脱贫的目的（如图 6-41 所示）。

图 6-41　黄土高原上的母亲水窖示意图

变废水为净水，然后再用于灌溉或工

❶ 源自《日本 OM 阳光体系住宅》，住区 2001（2）。

业循环用水是减少对我国水源构成严重威胁的工业废水污染的惟一途径。在发达国家，早在数年前已使许多污染的河水变清，以色列每年大约要将 2.3 亿 m^3 的废水改良成为农业用水，并且这个数字还在扩大。依靠科技，实现分质供水，改变城市用水中的不合理现象迫在眉睫。我国年排污水量为 400 亿 t 左右，为世界排污水大国之一，其中 80%的污水未经处理而排放出去，不仅造成水资源的极大浪费，且成为一个巨大的环境污染源。污水处理后的再生水本来完全可以用于冲厕、洗车、冲洗马路或作城市绿化用水，我国因为管道设施不配套，再生利用率不到 6%，统计显示，我国利用污水处理后的"中水"将具有极其巨大的潜力。

在住区建设中，应合理规划住区水环境、有效利用水资源，对住区用水水量和水质进行估算与评价，提供详尽的居民用水量估算资料，提出合理用水分配计划、水质和水量保证方案。在促进地表水循环方面，住区中适宜的景观水体不仅丰富、美化了景观视觉，同时开放的水面作为生态系统的一个重要组成部分发挥着重要的生态功能。但若无完善的水处理系统，景观用水必须频繁更换以保持清洁，故应充分利用地表水、地下水、降水资源，将住区内的水系形成一个封闭的可循环体系。所以节约用水、促进水的循环也是住区生态环境建设的重要内容。可考虑将雨水收集系统和景观水系结合起来，并利用水生植物和土壤过滤进行水的处理，从而使景观水系统流动起来并保持清洁形成优美的水景，并能节约水资源。

因此，在绿色住区综合评价中应考虑是否满足：

所要达到的目标	所能达到的要求				
	9(满足100%)	7(满足80%)	5(满足70%)	3(满足60%)	1(满足50%以下)
(1)住区具有结合地区总体水资源和水环境规划合理的用水规划，最大限度地有效利用水资源，减少小区污水的排放量，实现小区用水的良性循环					
(2)减少市政提供的水量、节约用水，节水率、回用率指标达到较高标准					
(3)干旱或半干旱地区收集雨水，充分利用					
(4)设置水循环利用系统，形成自我循环					
(5)设置有雨污分流排水系统					

6.4.5 节水措施 (D_{16})

我国淡水资源不足日益成为经济持续增长的"瓶颈"，但同时又存在着不考虑成本的淡水污染和浪费。水利部最新统计显示，2003 年我国万元 *GDP* 用水量为 465m^3，为世界平均水平的 4 倍，显示出我国水资源利用方式粗放，用水效率非常低下，废水回收率为 50%，而发达国家为 85%。同时，一些缺水城市热衷于建设大草坪和耗水量大的水景观光点，有的城市甚至认为开展节水活动会影响投资环境，把低水价作为招商引资的优惠条件。而有些水资源比较丰富的地区，又没有充分重视节水问题，缺乏居安思危的意识。据有关部门测算，2010 年时，供水设施投资约为 8 元/m^3，而节水设施的投资仅需 3 元/m^3 左右，加上所节省的治污费，节水的投资效益比可达 1∶5 左右。2005 年 6 月 7 日，国家建设部新闻发布会上仇保兴副部长说：2030 年我国将成为中度缺水国家。由于我国城镇供水管网漏失率在20%左右，每年“漏掉”自来水近100亿m^3，甚至高于南水北调中线一年的输水量，我国小城镇仅有20%左右通自来水，农村更不在话下。

为达到节水的目的，首先要提高工农业生产的技术水平。例如，我国平均生产1t钢需用水23t，而发达国家只需6t；农业是用水的大头，占全国总用水量的72%，“土渠输水，大水漫灌”的古老灌溉方式，使农业用水的浪费十分严重，中国农村普遍水资源利用率只有40%左右。目前我国灌溉用水利用系数仅为0.3～0.4，远低于发达国家的0.7～0.9。因此，要依靠科技逐步形成富有本国特色的现代化节水高效农业结构。加快发展输水渠道防渗化、管道化、大田喷灌、滴灌化等节水灌溉技术，是解决我国农业水资源短缺和干旱缺水问题的根本出路。以色列专家认为，中国北方如果普及滴灌，可节水800亿t，相当于3～4个南水北调工程，但投资只有其1/3，还带来科技、增产、垦荒、节水、环保等巨大效益。据统计，利用现代先进技术，我国工业和农业分别有90%和50%以上的节水潜力可挖。

其次，要大力提倡污水资源化，一方面可以减少环境污染，另一方面可以提高水的利用率。例如，冲厕用水是城乡居民生活用水的大头，占到了30%，且冲厕用水中由于管道不分，多采用净水冲厕，无形中提高了冲厕用水的成本，而我国城市中能有效地利用回收的进行污水处理过的“中水”作冲厕水的设施几乎没有。例如，深圳一年冲厕所要用去的自来水为4000万m^3，而我国香港冲厕用的却是海水或二次废水。香港的淡水资源相对贫乏，自154年前实行供水以来，香港历史上发起过多次节水运动，目前，香港约有八成人口利用海水冲厕。此外，城市洗车、冲洗马路、绿化用水，甚至搅拌混凝土也都用与饮用水一样标准的自来水也是一种极不合理的水资源浪费，所以，依靠科技，实现分质供水应是一个迫在眉睫的任务。

建设部《绿色生态住宅小区建设要点与技术导则》中要求建立中水系统和雨水收集系统，其使用量宜达到小区用水量的30%。国家已规定“南水北调”沿线各市、县3年内必须建立污水处理厂，回收水必须达到20%以上。

最后，科技能够提供丰富的节水新产品，减少水的浪费，大大提高用水效率。比如质量不高的水龙头，是造成水跑冒滴漏的直接原因，而节水龙头多采用陶瓷阀芯片，比被淘汰的铸铁水龙头节水30%～50%；不使用耗水9L和9L以上的坐便器；淋浴器具使用冷、热水混合器具（水温调节器），电磁式淋浴节水装置，节水喷头等；节水型用水家用电器则要求采用高效节水洗衣机、洗碗机等节水型家电。

因此，在绿色住区综合评价中应考虑是否满足：

所要达到的目标	所能达到的要求				
	9(满足100%)	7(满足80%)	5(满足70%)	3(满足60%)	1(满足50%以下)
(1)大力推广滴灌、点灌、渗灌农田、园林					
(2)中水和收集的雨水的充分利用，应占住区生活用水的30%以上					
(3)采用高效的用水设备和器具，削减总用水量，家庭节水器具的使用率应达到100%					
(4)当地有良好的用水、节水政策与具有全社会节水意识					

6.5 防止污染（C_6）

我国当前在环境保护方面正有意识无意识地接受或按西方理论中的环境库滋涅茨曲线行事，在很多具体方面实际上走的是“先污染，后治理”的道路，在人类经济活动过程中同时注重解决生态环境的思想仍未得到广泛树立，将环境与经济发展割裂开，使得环境和生态保护的能力与经济的发展不相适应的情况不容乐观。有关专家指出，在环境总体污染中，与建筑有关的空气污染、光污染、电磁污染等就占了 34%，建筑垃圾则占人类活动产生垃圾总量的 40%。

在污染物结构中，大城市先后进入生活型污染占主要成分、工业性污染比重下降的阶段。前者如生活污水、生活垃圾、汽车尾气、农田化肥、农药污染是来自千家万户的面源污染，而后者是集中的点源污染。

有些污染从大城市向中小城市，进而向农村乡镇转移的趋势在加剧，从东部发达地区向西部欠发达地区转移的趋势尤其令人注目。污染转移还有一个影响：它使得一些引人注目的环境问题（如大城市的、集中的、高强度的污染）变得缓和，却使真正解决这些问题变得更加困难了。这是因为有些污染物质在中小城市、乡镇农村、不发达偏远地区的扩散不会引起原先（中心城市）那样强烈的反应，甚至都不一定能监测到位；另外，分散的治理比集中的治理更难于推动，这样实际上加重了深层环境污染，即有害污染物以更为隐蔽方式积累着。

在防止污染上应注意：

（1）坚持生态环境保护与生态环境建设并举。在加大生态环境建设力度的同时，必须坚持保护优先、预防为主、防治结合，彻底扭转一些地区边建设边破坏的被动局面。

（2）坚持污染防治与生态环境保护并重。应充分考虑区域和流域环境污染与生态环境破坏的相互影响和作用，坚持污染防治与生态环境保护统一规划，同步实施，把城乡污染防治与生态环境保护有机结合起来，努力实现城乡环境保护一体化。

（3）要建立、健全生态环境保护监管体系，使生态环境保护措施得到有效执行，重点资源开发区的各类开发活动应严格按规划进行；要加强生态示范区和生态农业县建设，使全国部分县（市、区）率先基本实现秀美山川、自然生态系统良性循环。

本准则包含三废处理、无污染施工技术以及无害建材的使用、生态环境保护监管等指标，使对生态环境的污染降至最低。

6.5.1 三废处理与噪声防治（D_{17}）

我国建筑垃圾增长的速度与建筑业的发展成正比。除少量金属被回收外，大部分成为城市垃圾。据报道，目前全国有 2/3 的城市处于垃圾包围之中，有 70%的人生活在不适宜人居住的大气质量的环境中。数量巨大的建筑垃圾所造成的生态环境压力，已成为令人头疼的社会问题。此外我国仅因冬季采暖向空中排放的 CO_2 有 1.9 亿 t，SO_2 有 300 多万吨，烟尘有 300 多万吨，每年生活污水排放量约 190 亿 t，约占废水总量的 45.5%。另外，由于我国新建项目投产，每年大约新增废水 8～10 亿 t，增加 SO_2 30～

40万t，烟尘、工业粉尘和各种水污染物也都相应增加。为此在1998年底出台的《建设项目环境保护管理条例》明确规定：国家实行建设项目环境影响评价制度。建设项目环境影响评价工作，由取得相应资格证书的单位承担；建设项目需要配套建设的环境保护设施，必须与主体工程同时设计、同时施工、同时投产使用；流域开发、开发区建设、城市新区建设和旧区改造等区域性开发，在编制建设规划时，应当进行环境影响评价。

生活垃圾已成为我国城市发展的沉重包袱，目前，我国城乡生活垃圾无害化处理率仅为28%。研究表明，在当今世界上，工业污染只占总污染源的41%，家庭污染却占到了59%。邓俊在“城市生活垃圾循环管理模式”一文中说，城市生活垃圾循环管理模式的核心理念首先是减少垃圾产生量，减少和控制对自然资源的直接开采量，在各环节实现垃圾循环综合利用，体现循环利用的思想，实现城市生活垃圾管理模式的转型，建立一种主动的循环经济管理模式。城市生活垃圾管理不能孤立地局限于垃圾的收集、运输和处理环节，而是要将垃圾管理延伸到垃圾产生的全过程，是一种从源头到末端的各环节控制管理。要以垃圾减量化为核心，资源最大化利用为目的，无害化处理为基础，将垃圾减量、资源利用工作贯穿于垃圾管理工作的全过程。一要从单纯的末端治理转向从源头控制减量与末端治理相结合；二是从仅政府单方面的积极性，转向发挥政府、企业和公众三方面的积极性；三是从单一的填埋为主的处理模式转向复合的以资源回收利用为主的综合处理模式。目前，我国城市生活垃圾处理的最主要方式是卫生填埋，约占全部处理量的80%，其次是高温堆肥，接近20%，焚烧处理还很少，这三种方法均各有利弊。

澳大利亚的堪培拉市正在努力推行“2010年无垃圾”计划，而荷兰的目标则是把全国的垃圾排放量减少70%～90%。要达到这些目标的一个关键办法是对所有形式的垃圾征税，不管是从烟囱里排出的废气还是送到垃圾场中的固体垃圾，可以依据垃圾产生的多少来征收垃圾税。开始使用这类方法的城市已大大减少了垃圾的产生。按照垃圾袋或者垃圾量的多少而收缴费用的“扔垃圾付费”计划表明了垃圾税的直接作用。比如新罕布什尔州的多佛和得克萨斯州的克罗基特，自从推行这样的计划以来在五年内家用垃圾的数量减少了25%。上述做法很值得我们参考借鉴。

据报道，我国约有1/3的工业废水和2/3的生活污水未经处理排入水中；另外，目前在我国660个城市中，尚有61.5%的城市没有污水处理厂，大量生活污水直接排放，造成越来越严重的环境污染问题。工业废水与大面积的农田和农村所产生的污水无组织排放造成目前全国50%的城市地下水受到污染，受不同程度污染的江河达到90%，78%流经城市的河段已不适合作饮用水源。据卫生部和水利部的调查，我国农村饮用水符合农村饮用水卫生标准的比例为66%，还有34%的农村饮用水达不到标准的要求。调查显示，我国有3亿多人饮用水不安全，其中有1.9亿人饮用水有害物质含量超标。

专家们指出，未来污水处理设施能力增长速度必须高于供水设施能力的增长速度，要把安全饮用水的保障作为水污染防治的重点，加强对饮用水源地的保护，并修复已经受到污染的城市水环境，如北京的官厅水库等。

当前，一种ETS®生态污水处理系统正受到关注，它借鉴自然界水体自净原理，加入人工强化技术，在系统中营造了一个平衡的自然生态环境，是传统污水处理技术与先进技术的结合。系统内部具有高程度的生物多样性，同时由于其内部形成了一种自然生态平衡，系统的运行具有较高的稳定性。ETS® 给用户带来的不仅是污水资源化的价值，而且，其低运行费用为用户节省了大笔长期投资，产生了较大经济效益，而景观化的 ETS® 污水处理生态系统则拉近了人与环保的距离。ETS® 系统最普遍用途包括以下方面：城市街道、生活小区、宾馆饭店的绿化、道路清洗、冲厕和洗车等用水；农场、旅游风景名胜区、度假中心和商业场所等日常污水的处理和回用；农业水栽培、风景区水源涵养、河道水质改善等。水质完全达到且优于城市污水再生利用城市杂用水水质（GB/T 18920—2002）的中水（即再生水），可以安全回用。ETS® 生态污水处理系统在西安某小区项目可处理生活污水 240t/日（图 6-42），回用用途主要为绿化灌溉、洗车、清洗道路。

图 6-42　西安某小区 ETS® 生态污水处理系统[1]

今天，随着城市工业与交通的日益发展，机器的马达声、汽车的奔驰声在城市之间日益泛滥，并且已毫不留情地闯进了我们的居住空间，严重地威胁着人们的正常生活。在居住环境内可适应人们正常生活允许的噪声标准一般可分为三级，并昼夜有别。通常第一级要求一昼夜分别不大于 40dB 与 30dB；第二级为 45dB 与 35dB；第三级为 50dB 与 40dB。人体对噪声的承载能力一般为 50dB。随着噪声声压的增大，对人们有害的程度也相应增加。据有关研究资料表明，居住环境内的噪声达到 80dB 时，人的耳朵立即进入保护状态，并开始影响其工作与劳动效率；若经常处于 85dB 以上的环境中，人的耳朵就会受到损坏；当其噪声达到 120dB 时，耳朵就会出现余音与阵痛，造成听觉疲劳；若长期处在 130dB 以上的噪声环境中，人就会逐步失去听觉，导致永久性听力降低与职业性耳聋。加拿大麦克玛斯特大学一项调查显示，居住在距离高速公路 50m 以内以及居住在距离繁忙街道 100m 以内的居民的死亡率要比居住在其他地区的居民高出 18%，因为这些地段每天的车流量多达 3.5 万～7.5 万次。建设部《绿色生态住宅小区建设要点与技术导则》中要求生态住宅小区内的室外空气环境质量宜达到国家二级标准；室外声环境应符合下列噪声等级标准：白天小于等于 50dB，夜间小于等于 45dB。在欧洲及我国台湾地区不少住区面向公路的一侧设有防噪声墙，起到很好的作用。

---

[1] 源自 www.easytec.cn 网站。

因此，在绿色住区综合评价中应考虑是否满足：

所要达到的目标	所能达到的要求				
	9(满足100%)	7(满足80%)	5(满足70%)	3(满足60%)	1(满足50%以下)
(1)实现废弃物的资源化、减量化、无害化处理及再利用(转化成肥料、能源等)，减少污染					
(2)废弃物收集装置的位置(如废渣堆放场所占农田)和间距合理					
(3)生活垃圾分类收集，具备垃圾分类收集设施，收集率应达到100%，分类率应达到70%以上					
(4)设置防护绿带以减少大气污染，废气达标排放					
(5)保护饮用水源，保证水质达标					
(6)污水集中处理，处理率应达到100%，达标排放率必须达到100%					
(7)对交通噪声，小区公用设施设备噪声，商业、娱乐、学校、生活和建筑施工噪声，能采取防噪、降噪、消声等成套技术，进行综合治理					

6.5.2 无污染施工技术（D_{18}）

住区建造过程会对环境造成严重的影响，具有环境意识的无污染施工技术能够显著减少对场地环境的干扰、填埋废弃物的数量，并在建造过程中使用的自然资源。

工程施工过程会严重扰乱场地环境，这一点对于未开发区域的新建项目尤其严重。场地平整、土方开挖、施工降水、永久及临时设施建造、场地废物处理等均会对场地上现存的动植物资源、地形地貌、地下水位等造成影响；还会对场地内现存的文物、地方特色资源等带来破坏，影响当地文脉的继承和发扬。因此，施工中减少场地干扰、尊重基地环境，对于保护生态环境、维持地方文脉具有重要的意义。在施工计划中应明确：

（1）场地内哪些区域将被保护，并明确保护的方法。

（2）怎样在满足施工、设计和经济方面要求的前提下，尽量减少清理和扰动的区域面积，尽量减少临时设施，减少施工用管线。

（3）场地内哪些区域将被用作仓储和临时设施建设，如何安排承包商、分包商及各工种对施工场地的使用，减少材料和设备的搬动。

（4）废物将如何处理和消除，如有废物回填或填埋，应分析其对场地生态、环境的影响。

（5）怎样将场地与公众隔离[1]。

工程施工中产生的大量灰尘、噪声、有毒有害气体、废物等会对环境品质造成严重的影响，也将有损于现场工作人员、使用者以及公众的健康。因此，提高与施工有关的室内外空气品质是无污染施工的最主要内容。施工过程中，扰动建筑材料和系统所产生的灰尘，从材料、产品、施工设备或施工过程中散发出来的挥发性有机化合物或微粒均会引起室内外空气品质问题。它们会对健康构成潜在的威胁和损害，需要特殊的安全防护。而且

---

[1] 竹隰生、任宏："可持续发展与绿色施工"，《基建优化》，2002（4）。

在建造过程中，这些空气污染物也可能渗入邻近的建筑物，并在施工结束后继续留在建筑物内。这种影响尤其对那些需要在房屋使用者在场的情况下进行施工的改建项目更需引起重视。

例如，在施工时，采用传统防水材料需要现场熬制沥青，气味刺鼻，浓烟滚滚，如果采用无机防水材料就会避免这种情况的发生。要防止住宅室内装修对已有建筑构件或设备的破坏、拆除而造成浪费、产生建筑垃圾以及降低建筑安全性。要求住宅室内装修要与住宅建筑施工相衔接，住宅装修一次到位，不破坏和拆除已有的建筑构件及设施。应多采用装配式施工，尽量减少现场作业；注意工作作息时间，减少噪声、灰尘、垃圾、油漆气味对周围环境的影响。又如在设计和施工时保存场地内现有的树木或地貌特征，能够减少为了获得遮阴或私密性的目的而重新种树或其他美化景观的要求。尤其是在乡村，存在更多扰乱环境的机会，但也同时伴随着更多的资源利用的选择。

对场地特征进行经济的和对环境有利的使用，如住区内各技术系统的建设应同步进行；就地取土方和将开挖的地下土方尽量回填；就地使用建筑废弃物制成的建筑产品等，都能够转化为承包商费用上的节约，包括减少在工程结束后恢复场地的费用。因此，应制定承包商应当遵循的具体场地保护要求，并要求其提高满足这些要求的计划，对于承包商和保护环境二者均有利。

因此，在绿色住区综合评价中应考虑是否满足：

所要达到的目标	所能达到的要求				
	9(满足100%)	7(满足80%)	5(满足70%)	3(满足60%)	1(满足50%以下)
(1)住区内各技术系统的建设同步进行，规划设计有利于有效地组织施工，施工过程不得对环境造成永久性破坏					
(2)尽量保护施工现场既存树木和地貌特征					
(3)根据地形状况合理规划，减少土方量，土方量就地平衡					
(4)使用无害地基土壤改良剂					
(5)就地使用建筑废弃物制成的建筑产品等					
(6)防止施工过程中氟化物、NO_x 物的产生					
(7)防止施工过程中的噪声污染					

6.5.3 无害建材（绿色建材）(D_{19})

绿色建材是指在原料采用、产品制造、使用或再循环以及“废料”处理等环节中对地球负荷最小和有利于人类健康的建筑材料。绿色建材需采用清洁生产技术，少用天然资源和能源，大量使用工业或城市固态废弃物生产的无毒害、无污染、无放射性、有利于环境保护和人体健康的建筑材料；还要减少垃圾的产出、暴露和运输，实行垃圾分类收集、处理和利用，减少对环境污染。

绿色建材又称为生态建材或健康建材等。它与传统建材相比可归纳为以下五个基本特征：

(1) 其生产所用原料尽可能少用天然资源，应尽量使用尾矿、废渣、垃圾、废液等废弃物；

（2）采用低能耗制造工艺和不污染环境的生产技术；

（3）在产品配制或生产过程中不得使用甲醛、卤化物溶剂或芳香族碳氢化合物，产品中不得含有汞及其化合物，不得用铅、镉、铬及其化合物作为颜料及添加剂；

（4）产品的设计是以改善生活环境、提高生活质量为宗旨，即产品不仅不损害人体健康，而且有益于人体健康。产品具有多功能性，如抗菌、灭菌、防霉、防臭、隔热、阻燃、防火、调温、消声、消磁、防射线、抗静电等；

（5）产品可以循环或回收再生利用，为无污染的废弃物。

民用住宅建筑中采用的门窗，自早先的木门窗逐步发展到钢门窗和铝合金门窗。在钢门窗的轧制以及铝合金型材的冶炼、挤出和型材表面的阳化着色处理过程中，都需要消耗大量的能源，铝型材耗能尤甚。而UPVC塑料门窗使用的原料为硬质聚氯乙烯，是一种高分子材料，它耗能低，且无污染，是一种优良的环保产品。据报道每生产一吨门窗型材所需耗能的比例约为，塑料：钢材：铝材＝1：4.5：8，这在当今世界能源紧缺的年代，有着特别重要的意义。另外，由于UPVC塑料门窗型材自身的导热系数低，型材又采用多腔体结构，远比钢窗型材的传热要小，大约节约17%左右的能耗。

应发展多样化的绿色建材以替代生产能耗高、对环境污染大、对人体有毒有害的建筑材料。如无石棉纤维水泥制品、无毒无害的水泥混凝土化学外加剂等；而一些当地天然建材如土坯、石材也属于无害建材；可再生或可重复利用的塑料、粉煤灰、草板、废旧轮胎等也属于绿色建材。

澳大利亚生态技术公司近期宣布开发成功一种能够吸收CO_2的新一代生态水泥，其主要成分为废料、粉煤灰、普通水泥和氧化镁。这种新型建材利用了氧化镁能回收、低能耗、可以消化大量废料的特点，并且完全可以在强度上与普通水泥相媲美。该公司声称，如果生态水泥能代替世界所产16.5亿t普通水泥的80%，将会有15亿t的CO_2被吸收。

本指标要求从“生产—使用—废弃”全寿命过程评价所用建筑材料的自然资源消耗（土地与耕地、森林与植被、水等），不可再生能源的消耗（煤、石油、天然气等），对环境的影响（CO_2排放、挥发性有机物排放、污水排放、固体废弃物与粉尘排放、荒漠化等），对人健康的影响（有害气体、粉尘、放射性、生物污染等）。

因此，在绿色住区综合评价中应考虑是否满足：

所要达到的目标	所能达到的要求				
	9(满足100%)	7(满足80%)	5(满足70%)	3(满足60%)	1(满足50%以下)
(1)寻求使用解体、再生时不产生环境污染源的环境亲和材料					
(2)使用对人体健康无害的建筑、装饰材料，减少VOC(挥发性有机物)的使用					
(3)限制使用对臭氧层产生破坏作用的CFC11类产品					

6.5.4 生态环境保护监管（D_{20}）

住区生态环境应该是依据自然规律和人类行为规范形成和谐的共生系统，因此建构住区生态共生系统不仅涉及到自然系统资源的科学合理组织与分配，而且涉及到人类计划与管理行为的科学性、规范性和持续性问题。从人居环境具有可控性的观点出发，为防止绿色住区环境边治理边破坏，必须建立与健全有关的生态环境监管体系。

"生态系统方式"的管理思想是近年来国际上推崇和流行的生态环境保护综合管理的指导思想，它认为生态保护应以生态系统结构的合理性、功能的良好性和生态过程的完整性为目标，从单要素管理向多要素综合管理的转变，从行政区域向流域的系统管理转变，生命系统与非生命系统的统一管理，生态监测与科研为基础的科学管理，将人类活动纳入生态系统的协调管理。总之，突出了对生态保护管理在内容与形式、方式与体制、目标与现实的统一监督和综合管理。科学的生态保护思想认为，调整人的经济行为，主要靠法律、经济、行政的综合措施和手段，而工程措施只是辅助性的手段❶。故在评价中应考虑是否满足：

(1) 加强生态环境保护的宣传教育，不断提高与普及全民的生态环境保护意识。使公众特别是领导决策层的观念转变过来，树立人与人、人与自然和谐的生态伦理、价值观。为此，应深入开展环境国情、国策教育，分级开展生态环境保护培训，提高生态环境保护与社会经济发展的综合决策能力。重视生态环境保护的基础教育、专业教育，积极搞好社会公众教育，促进城乡居民传统生产、生活方式及价值观念向环境友好、资源高效、系统和谐、社会融洽的生态文化转型，培育一代有文化、有理想、高素质的生态社会建设者。国家发改委专门为2004年的"节能周"出台了《公众节能行为指南》，第一部分就写给政府公务员、企事业单位职员，倡导"绿色办公"，甚至给出了很多细节。比如，夏季办公楼空调温度设置在27～28℃，减少计算机、饮水机、复印机等办公设备的待机能耗，采购节能产品和设备。"待机能耗"是居民家中的"偷电老鼠"，例如全国1600万台计算机和1400万台打印机处于待机状态，每年浪费电力约12亿度，据估计，我国城市家庭的平均待机能耗相当于每个家庭都在使用15～30W的一盏长明灯。由此可见，本项评价内容具有多么重大的意义！

(2) 编制当地生态功能区划，指导自然资源开发和产业合理布局。推动经济社会与生态环境保护协调、健康发展。制定重大经济技术政策、社会发展规划、经济发展计划时，应依据生态功能区划，充分考虑生态环境影响问题。自然资源的开发和植树种草、水土保持、草原建设等重大生态环境建设项目，必须开展环境影响评价。对可能造成生态环境破坏和不利影响的项目，必须做到生态环境保护和恢复措施与资源开发和建设项目同步设计、同步施工、同步检查验收。对可能造成生态环境严重破坏的，应严格评审，坚决禁止。

(3) 加强立法和执法，把住区生态环境保护纳入法治轨道。严格执行生态环境保护和资源管理的法律、法规，有法可依，对不符合生态化发展的行为要采取必要的行政和经济手段，严厉打击破坏生态环境的犯罪行为。抓紧健全、完善地方生态环境保护法规和监管制度，例如，健全、完善物业管理，建立对生态住宅小区进行全寿命周期管理制度等。例如江苏即将出台《建筑节能实施意见》，今后新建住宅必须执行节能50%的标准，凡违反节能强制标准的住宅将被处以20万元以上、50万元以下的罚款。

---

❶ 黄光宇、陈勇："论城市生态化与生态城市"，《城市环境与城市生态》，1996 (6)。

(4) 设立生态环境保护的职能机构。在城乡可通过联合设立综合的、跨部门的生态环境保护管理决策机构，组织、协调、监督生态环境保护的实施，同时也作为城乡生态环境保护的宣传、咨询、交流和推广中心。

(5) 建立和完善生态环境保护责任制。把地方各级政府对本辖区生态环境质量负责、各部门对本行业和本系统生态环境保护负责的责任制落到实处，保证各级政府对生态环境保护的投入；明确资源开发单位、法人、物业管理部门的生态环境保护责任；实行严格的考核、奖罚制度；把生态环境保护和建设规划纳入各级经济和社会发展的长远规划和年度计划；建立生态环境保护与建设的审计制度，确保投入与产出的合理性和生态效益、经济效益与社会效益的统一。

(6) 重视生态技术的开发与应用。凡是破坏生态平衡，导致环境污染、社会异化、经济非持续发展的技术，都是与生态化发展相违背的，解决的根本出路在于依靠现代科学技术，结合生态学原理创造新的技术形式——生态技术。城乡生态化发展必须重视增加科技投入，研制、开发生态技术、生态工艺，积极选择"适宜技术"，推广生态产业，保证发展过程低（无）污、低（无）废、低耗，提高资源循环利用率，逐步走上清洁生产、绿色消费之路，是实现城乡生态化的基础。据报道，太阳能路灯5年前就已研发出来，但无人问津，原因据说是因为担心不稳定和造价太高，实际上当前的高科技已完全可以解决这些问题，现在全国约有5000万盏路灯，如改用太阳能，节省的电能将是巨大的数字。

(7) 重视城市间、城乡间、区域间的合作。城市仅仅注重自身繁荣，而掠夺外界资源或将污染转嫁于周边地区都是与生态化发展背道而驰的。城市间、城乡间、区域间乃至国家间必须加强合作，建立公平的伙伴关系，技术与资源共享，形成互惠共生的网络系统，城乡在发展过程中应承担相应的义务和责任，确保在其管辖范围内或在其控制下的活动不致损害其他地区的利益。

应认真履行国际公约，广泛开展国际交流与合作。认真履行《生物多样性公约》、《国际湿地公约》、《联合国防治荒漠化公约》、《濒危野生动植物国际贸易公约》和《保护世界文化和自然遗产公约》等国际公约，维护国家生态环境保护的权益，承担与我国发展水平相适应的国际义务，为全球生态环境保护做出贡献。

因此，在绿色住区综合评价中应考虑是否满足：

所要达到的目标	所能达到的要求				
	9（满足100%）	7（满足80%）	5（满足70%）	3（满足60%）	1（满足50%以下）
(1)生态环境保护的宣传教育，不断提高与普及全民的生态环境保护意识					
(2)编制当地生态功能区划，指导自然资源开发和产业合理布局					
(3)加强立法和执法，把住区生态环境保护纳入法治轨道					
(4)设立生态环境保护的职能机构					
(5)建立和完善生态环境保护责任制					
(6)重视生态技术的开发与应用					
(7)重视城市间、城乡间、区域间的合作					

7 建筑空间环境质量的评价

7.1 建筑空间环境质量评价的基本概念

绿色住区的提出，必然要致力于提高人们的居住和工作环境质量，即为使用者提供舒适、安全、健康并和当地自然环境和谐一致的空间环境。20 世纪下半叶，人们尝试引入的设计心理学、行为科学、环境心理学及城市景观等多学科理论，为摆脱现代主义唯机器论带来的建筑、城市千篇一律的现象，获得了某种程度上的成功。规划设计者已认识到，建筑的空间与环境营造要考虑人的行为模式，材质及色彩和肌理的搭配要考虑人的视觉习惯，造型和风格要考虑人认知的可辨识性等。绿色住区应是一个有生命的开放式生态系统，并巧妙地建立在利用当地自然条件的基础上，在建筑物内部影响人类生活的生态因子应保持在最适宜的范围。

建筑室外环境是住区的一个有机部分，也是城镇可持续发展的重要一环。绿色建筑的室外空间设计应有益于周围生态环境的良性循环，有利于改善住区小气候和为使用者提供适宜的户外活动空间，同时也要便于低能耗地实现室内环境的健康、舒适要求。因此在评价室外空间环境质量时，主要涉及结合当地地形、地貌及地域气候的合理布局；尊重并继承符合当地实际情况的传统“适灾”技术，现实可靠的防灾与减灾规划、组织及设施；与地域生态系统具有共生关系的植被与绿化体系等。

绿色建筑应拥有一个令使用者感到舒适并有益于人体身心健康的室内空间、物理和卫生环境。而合乎标准的热、光、声及无视觉污染的室内物理环境是“舒适”的主要内涵。另外，尽量消除室内装修带来的各种污染源、避免有噪光及视觉污染、有着良好的通风换气功能的室内卫生环境，则是保证人身安全、健康的主要前提之一。

近来，许多室内设计专业人士提出了“室内绿色设计”的口号，即对于室内环境而言，在设计中应考虑光污染、声污染、气体污染、水污染，并与室外环境统一考虑，增加对居住环境自身修复功能的再创造。

国家住宅与居住环境工程中心《健康住宅建设技术要点》规定，健康住宅技术体系涉及四大方面内容：一是人居环境的健康性，包括对室外环境、居住空间与户型设计、空气环境质量、声光水电热等方面的量化控制指标；二是自然环境的亲和性，从自然景观、绿色系统、雨水利用、景观用水等方面进行量化控制；三是住区环境的保护，从视觉环境、排水系统、生活垃圾、环境卫生等方面做了量化规定；四是健康环境的保障，强调完善社区医疗保健体系，注意健康行为等。

“绿色设计”提出的“让自然消化生活”，就是强调最大限度地利用居室周边的自然环境，实现设计的生活本质，他们强调“绿色设计”不仅仅是一个设计“美”的主张，而是更多地需要实现空间结构文化与人类居室健康相结合的设计专业精神。“绿色设计”坚持要以设计把自然引入居室，主张要以通风、变动空间结构等方式把室外有利的自然条件引入室内，实现空气流动、空间流畅的目的，尽可能避免生活空间与自然的隔绝，讲究以自然条件满足生活健康需求，使室内空气也能实现“自我呼吸”，始终保持新鲜宜人。

7.2 室外环境（C_7）

东方人向来注重风水，如果去掉其迷信的糟粕，则是非常值得提倡的。住区的环境以及地理位置直接影响居住者的生理和心理的健康，舒适的人居环境应当把空间、环境、文化、效益这四个层面有机地结合，力争做到人、建筑与自然环境、社会环境之间恰当地融合与共生。因此住区整体布局要注重阳光、空气、绿地等生态环境，科学、合理地设计和分配住宅户型，力求住户有良好的朝向、景观及通风的环境，尽量减少户间干扰。住区建设应当保证居住者安全和广泛意义上的健康，包括生理的、心理的和社会的、人文的多层次的健康。

对于已确定的住区基地，应遵循一个重要的原则——尽可能尊重和保留有价值的生态要素，维持其完整性，使住区实现人工环境与自然环境的过渡和融合。在实施过程中，要努力做到以下几点：

(1) 尊重地形、地貌。住区生态环境的规划设计和建造中，获得平坦方整地块的机会并不多见，常会遇到复杂地形、地貌的处理。但对住区环境建设来说，地形的起伏不仅不会带来难以解决的问题，而且经过精心处理反而更加利于创造优美的景观。

(2) 保留现状植被。长久以来城市或住区建设中，绿化植物都当作点缀物。出现了先砍树、后建房、再配置绿化这种事倍功半的做法。生态学知识告诉我们，原生或次生地方植被破坏后恢复起来很困难，需要消耗更多资源和人工维护。因此，某种程度上，保护比新植绿化的意义更大。因而在住区环境建设中应尽量保留原有植被。古树名木是基地生态系统的重要组成部分，应尽可能将它们组织到住区生态环境的建设中去。结合水文特征、溪流、河道、湖泊等环境因素都具有良好的生态意义和景观价值。

(3) 住区环境设计应很好地结合水文特征，尽量减少对原有自然排水的扰动，努力达到节约用水、控制径流、补充地下水、促进水循环并创造良好小气候环境的目的。结合水文特征的住区基地设计可从多方面采取措施：一是保护场地内湿地和水体，尽量维护其蓄水能力，改变遇水即填的粗暴式设计方法；二是采取措施留住雨水，进行直接渗透和储留渗透设计；三是尽可能保护场地中可渗透性土壤。

(4) 保护土壤资源。在进行住区环境的基地处理时，要发挥表层土壤资源的作用。表土是经过漫长的地球生物化学过程形成的适于生命生存的表层土，是植物生长所需养分的载体和微生物的生存环境。在自然状态下，经历100～400年的植被覆盖才得以形成1cm厚的表土层，可见其珍贵程度。住区环境建设中挖填方、整平、铺装、建筑和巨径流侵蚀都会破坏或改变宝贵而难以再生的表土，因此，应将填挖区和建筑铺装的表土剥离、储存，在住区环境建成后，再清除建筑垃圾，回填优质表土，以利于地段绿化。

(5) 积极发展农村生态型村庄。按照布局合理、设计科学、风格独特的要求，全面规划农村居民点建设，逐步使农村居民每户拥有一处适用、卫生、美观的庭院。结合农村居民点改造，加大改水、改厕力度，提倡家畜和家禽圈养，推行生活垃圾集中堆放，生活污水定点排放，改善农村居住卫生环境。允许农村群众在庭院周边拥有一定生产用地，大力发展庭院经济，绿化、美化居住环境，增加农民收入。加快农村电网的建设与改造，因地制宜发展小水电、液化气、沼气、太阳能等清洁能源，逐步减少薪柴的使用，保护农村生态环境。

(6) 精心营造城镇周边的生态环境，不能把城镇周边或郊区当作垃圾堆放场所和可随意挤占的空间，而要视为在城镇中具有社会经济和生态调节作用的不可替代的组成部分。城镇中心和周边在功能上应具有互补性，周边需营造大片可调节气候、有利于净化空气、保持水土的森林；城镇之间必须保留足够的空间距离和绿地面积，避免大小城镇连成一片；改变一些城镇沿交通要道带状布局的状况。

(7) 注重城乡防灾减灾。我国是自然灾害频繁发生的国家之一，而全球气候变化和人类影响已使自然灾害的发生越来越带有人为的因素，各类自然灾害之间的相互联系也更加明显，人为灾害的比重在逐渐上升，并与自然灾害的交互作用日益明显，为此城乡防灾减灾已成为一道世界性难题。近二三十年来，世界许多城市规模急剧扩张，相形之下，城市自身功能却显出了种种老态、疲态、病态。北京大学首都发展研究院副院长万鹏飞博士认为，防灾减灾能力落后于经济发展能力，已成为制约人类社会发展的重要矛盾之一。因此应建立科学、有效的防灾减灾管理制度，特别是危机应对机制，这与加强城乡基础设施建设同等重要。这样在重大灾害发生的情况下，可努力减轻灾害的损失，防止灾情扩展，避免因不合理的开发行为导致的灾难性后果，保护有限而脆弱的生存条件，增强城乡住区承受自然或人为灾害的能力。

(8) 注重基础设施的建设。吴良镛院士在《人居环境科学导论》一书中将基础设施视为“生命支撑系统”的一个重要组成部分，认为它是城市政治、经济、文化活动中所产生的人流、物质流、交通流、信息流的庞大载体，是城市可持续发展的基础，在城市化过程中总是处在先行地位。

在上述原则的考虑下，室外空间环境的评价应包含建筑布局、灾害防御、植被与绿化体系以及基础设施完善度等内容。

7.2.1 建筑布局 (D_{21})

根据绿色设计原则和方法，本基本指标基于对周围环境热、光、水、视线、建筑风、阴影影响的考虑，选择优化的建筑个体及群体布局，与当地景观模式和生态因素融为一体。

(1) 充分利用原有地形、地貌

自然地表形态仍是场地设计与建设的基本条件，不同的地形条件，如河谷地带、低丘山地和水网地区等，往往从不同方面影响着场地的工程建设、空间形态和环境景观，从而展现出相应的空间特色。只有充分利用地形进行建设，才能使场地空间更丰富、生动，不破坏或少破坏自然景观，形成独特的景观特征。日本“真理工业技术中心”建筑设计充分利用基地陡峭的地形地貌自然地跌落（图 7-1），将建筑按照功能分为两部分，地形高处为公共展览部分，而沿山体跌落部分则为私密性较强的工业技术研究室部分。曲线形的外观、分散的体量与自然环境很好地融合在一起，并且争取到了良好的景观和自然的通风、采光。

图 7-1　日本“真理工业技术中心”建筑布局示意图❶

为减少工程量、保证使用方便，在获得良好日照条件的同时，应缩小建筑间距、提高建筑密度与土地使用效益，所以说充分利用地形还可简化有关的建设工程量，降低工程费用。

（2）合理的布局与间距

❶ 源自《可持续设计导引》（日本彰国社）。

在设计和规划中，合理的建筑布局与间距，保证良好的日照和通风环境，并适当增加建筑密度以节约土地是非常重要的。

建筑群体的布局应满足适宜的日照间距以满足日照标准要求；建筑组群的自然通风与建筑的间距、排列组合方式以及迎风方位等有关。如布局合理，建筑间距选择合适（天空视角系数较高而利于长波辐射冷却），且集中绿地多、绿化好，并或多或少地采用了人工水景布置（使得其与空气的热湿交换加强，有效地降低了空气的温度）等，则住区温度环境往往令人满意。

为了节约建设用地，不可能也不应该盲目增大建筑间距，只有充分利用各种有利于建筑通风的因素与措施，如选择合适的建筑朝向，使夏季主导风向保持有利的入射角，保证风路畅通，基本上能满足建筑通风的需要。

2003年上半年非典型肺炎（SARS）肆虐中国，北京非典隔离区大部分是体量过大、建筑密度过高、通风不畅的塔楼；而同样是建筑高密度的我国香港和新加坡也不幸成为重灾区。这次非典爆发给了城市一个警醒：应该重新思考一下建筑密度的政策了。

日本东京世田谷区深泽环境共生住宅区是一个布局合理、生态节能的可持续居住小区的典范（图7-2，图7-3）。它规划设计的出发点是希望基于原有的生态、人文资源基础，在对其进行保全、再生的基础上，予以更新的环境理念，使小区能适应新的社会生活，同时有保持其居民旧有生活方式与环境认知的延续性。小区采用分散、组团式有机规划格局，保持旧有地貌，与周边交通流线、区域景观相连续；使用屋顶、墙面绿化，保留移植现有树木，保护利用现有的优良土壤，设置菜园，绿地系统与周边广域绿化系统成为一个整体，与都市内野生物生息环境连续化；储存利用雨水、太阳能、风能等可再生能源的利用，再生材料与长寿命耐用材料的使用等，充分体现了绿色人居环境的特点。

图7-2　东京世田谷区深泽环境共生住宅区内部良好的外部环境与丰富的植被❶

❶ 源自《可持续建筑最前沿》（日本）。

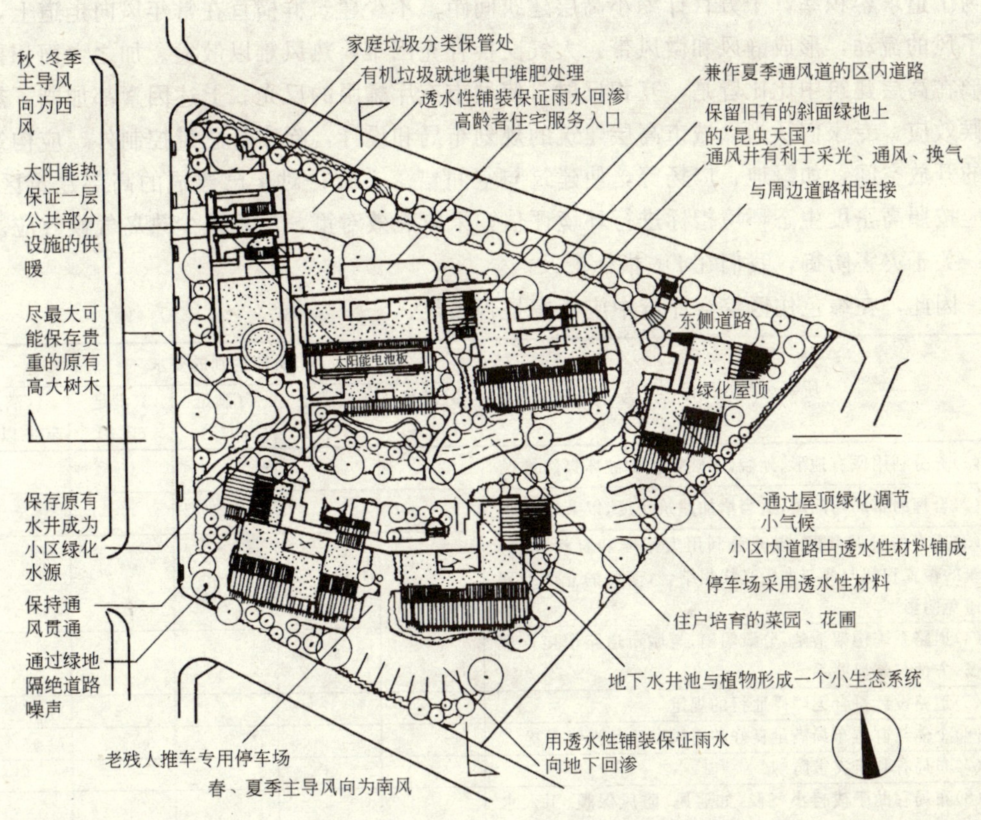

图 7-3 东京世田谷区深泽环境共生住宅区总平面图❶

(3) 交通

建筑布局中，交通的便捷度非常重要。其中主要考虑解决好人车分流的交通系统，并加强交通管理，这对于解决日益增多的机动车所产生的社会问题是至关重要的。有人主张居住小区内道路要"通而不畅"，"通"可以使业主的车就近停泊；"不畅"，一来可以避免内部车辆的高速行驶，二来可以避免小区外车辆从小区内穿行。另外，关注老人和残疾人也是绿色住区的目标之一，因此道路的设计应符合无障碍通行的规定。此外，还应考虑公共站点位置和距离；消防、救护、救灾的通道；人均道路面积应达到 $6m^2$/人以上等。

(4) 布局有利于改善小气候

地形与小气候有关。如山脉或河谷会改变主导风向、向阳坡地有利于日照和通风，不利的地形也会引起静风、逆温层等不良小气候现象。因此，分析不同的地形以及与其相伴的小气候特点，将有助于合理地进行场地布局与设计。

在布局中，利用现有的水资源和地形，可以在寒冷的气候中创造冬天的热源，在炎热的气候中创造温度差以产生凉爽的空气流，现有的河流和其他水资源有助于为场地提供清凉。

近年来，城市热环境的恶化已引起广泛关注。例如，上海市高层建筑遍地开花，高层建筑已达 1400 多幢，百米以上的超高建筑也有百余幢，建筑带厚达 20 多公里。原先纵横密布的河道和绿地被不透水不透气的"混凝土森林"取代，气候调节功能丧失，不少开发

❶ 源自《生态型居住小区的理论与实践》，住区 2001 (1)。

商为了追求容积率，千方百计缩小高层建筑间距。不少建筑群横亘在常年风向走道上，阻隔了风的流动，形成静风和微风带，大气交换补充困难，热风难以散发。加之大面积幕墙玻璃在高层建筑中比比皆是，互相反射，使城市充斥耀眼的反光。上述因素都加剧了热岛气候效应。专家们认为，城市高层建筑的规划布局和设计，除实行总量控制外，应构筑一定的开放空间，如绿地、广场等，使建筑与空间错落有致；对于已建成的高层建筑区域，则应按照高密度生态环境指标进行环境评估，采取有效对策，尽量减少热岛气候效应。

关于灾害防御，我们在 D_{22} 指标论及。

因此，在绿色住区综合评价中应考虑是否满足：

所要达到的目标	所能达到的要求				
	9(满足100%)	7(满足80%)	5(满足70%)	3(满足60%)	1(满足50%以下)
(1)充分利用原有地形、地貌，不破坏或少破坏自然景观					
(2)合理的布局与间距，适当增加建筑密度，以节约土地					
(3)适当的日照间距，以充分利用太阳能和自然光照。建筑的位置和朝向要与太阳光线相结合，南侧的立面处理要避免阴影					
(4)道路系统构架清楚，分级明确，与城市道路衔接合理通畅，方便与外界联系					
(5)道路设计符合无障碍通行的规定					
(6)个体与群体布局满足良好的通风和避免视线干扰					
(7)布局有利于灾害防御					
(8)布局有助于改善小气候（如通风、防风保暖、引入水池、喷水等亲水设施）					
(9)住区周边生态环境的合理布局					
(10)集中布置管沟和管井，力求降低造价					

7.2.2 灾害防御（D_{22}）

我国是世界上自然灾害最严重的少数国家之一，特别是20世纪90年代以来，每年受灾人口在2亿人次以上，经济损失超过千亿元。因此“适灾”仍将作为城市与建筑规划设计的指导思想之一。

城市灾害既是一种自然现象，更是一种社会事件，各灾害间有并生、传递关系，有连锁反应机制、长期潜伏及后效机制。城市灾害集中在三个方面：一是城市自然灾害，具体表现为城市沙尘暴、洪水、滑坡、海啸、地震、雷击、酸雨等；二是由于建立城市生态系统时多次以牺牲自然生态系统为高昂代价，所产生的人为性城市“建设性破坏”灾害；三是以人为失误为代表的城市社会自然灾害“综合症”，多表现为城市火灾、车祸、环境污染等“城市病”现象，它恰恰构成城市灾害系统工程的最大故障点。

在绿色住区中，既强调改造自然以“减灾”，又强调顺应自然以“适灾”，这正是当今处理人类行为与自然环境关系所应有的基本思想。通过规划（如选址与布局等）和建筑设计（如形体设计与组合等），可避免或减轻灾害环境的不利影响，并为工程结构减灾设计提供有利的先决条件，二者相辅相成，缺一不可。另外，对于火灾、水涝、地质灾害等还要考虑灾害预警装置，如防火的烟雾报警器等，更要考虑到灾害发生时的疏散通道及消防通道是否合理等，以防患于未然。另外，绿色住区应有防灾规划设计，居民与政府及有关部门应形成防灾共识，且形成防灾、减灾管理体系。从平时的生活出发，做好救灾准备，并制定防灾、减灾应急预案。据报道，北京已在“元大都遗址公园”建成我国第一个城市应急避难场所，可同时容纳25万人在此避难，物资、设备等均已全部到位，而平时则用来作为市民的活动场所。因此，各级城市均应根据实际情况考虑建设相应的应急避难场所。

地震专家认为，地震导致大灾难的最主要原因并非地震规模，而是建筑物构造不良，我国和其他国家均有严格的抗震规范来保证建筑的安全度，新技术的产生更增加了保险系数。荣获教育部2000年科技进步一等奖的华中科技大学的“地震隔震”技术是在地基与上部房屋结构之间用一种隔震材料隔断了地震时产生的能量向地上建筑物的传输，从而能使“地动而房不摇”。华中科大唐家祥教授等人研制的粘接型和无粘接型橡胶隔震支座由橡胶隔震支座和阻尼器等组成，这等于隔离层在房屋的垂直与水平方向加上了“双保险”，使建筑物的水平地震作用降低80%，使用这种技术的房屋在强烈地震发生时可使房屋不会变形，只作轻微的平动，保持室内装修完好，人们不必奔出房屋。

前几年，我国台湾在发生了百年少见的大地震后，室内装修市场立即带来了一些改变，即轻质化建材兴起与简单、实用的设计思维，更明确地主导了后来室内装修的风格。例如，装饰室内各空间墙面的建材，许多消费者过去偏好使用大理石、原石、玻璃等建材，而万一发生地震，倒塌后很容易造成居家成员的二次伤害，为避免地震可能带来的居家风险，有关专家建议消费者可应用轻材质的建材取代，譬如美耐板、印刷板、珐琅板等，这类轻质建材，都有近似石材自然的质感效果，除了避震安全外，还有节省装潢成本的好处。室内装修的元素中，常见的橱柜类都属于固着式，除非整片墙面被震倒，否则这类固着的木柜家具，较没有倒塌伤人的风险。悬吊式的灯具，尤其是仅以支架撑住的灯具，耐震性有限，因此，无论是基于整体设计观及安全性，最好改为与天花板结合的平顶照明设计法，就是将照明灯具直接嵌入天花板中，成为一体，外表简单、干净，又安全。

研究表明，大城市气温往往比周围地区要高，好像是被乡村包围的温暖的岛屿，这种现象被称为“热岛效应”。作为城市灾害之一的“热岛效应”正在引起自然环境和植物生态发生变化，夏季城市里更加闷热，居民们越来越感到不舒适，而到了冬季，“热岛效应”使大气中的粉尘增多，威胁着市民们的健康。另外，热岛效应还使环境综合质量下降，如空气中负离子急剧减少，污染物、粉尘急剧上升，造成二次污染，还降低了城市防灾能力，使城市周边地区易形成龙卷风等自然灾害。对于热岛效应问题，日本环境厅提出的对策报告包括：适当（不要过多）使用空调器，提高建筑物隔热材料的质量，以减少人工热量的排放；改善市区道路的保水性性能；通过建筑物的淡色化减少热量的反射；绿化墙壁和屋顶；河流暗渠化。报告还建议，今后在制定城市规划时，要重新考虑道路、公园、森林和建筑物的分布位置，积极采用德国内陆城市的“风道”方式，让冷气流穿越城市区。此外，日本建设省也制定了“透水性公路铺设计划”，即用透水性强的新型柏油铺设公路，以储存雨水，降低路面温度。美国劳伦斯伯克利实验室热岛课题组估计，光是浅色屋顶每年就可以为亚利桑那州首府菲尼克斯市节省3700万美元的制冷费。

城市的防洪也是不可忽视的问题，我国每年都有部分地区遭受洪涝灾害，损失严重。构筑坚固的堤防是必要的，但老建防洪堤也不是最好的办法。欧美一些国家对待洪水的做法基本上都是以“疏”为主，拆除了过去修建的防洪堤岸，恢复了江河两岸原有的大片湖泊湿地以调蓄洪水，还从实际出发，努力建造“避灾型”社会防灾体系。如在城市布局时，将运动场、停车场、公园和休闲场所等不怕洪水或受洪水影响较小的设施和场所安排在低洼地，洪水来了损失不大，洪水过后照样可以使用；而重要的经济设施、居民区、办公楼等都建设在洪水淹没不到的地方。城镇建设应重新审视抗洪观念，城市发展立足于“避灾”思想基础上，建设成为“避灾型”的社会体系，经济发展方式要建设成为“避灾型”的经济模式，只有这样才能使经济社会的发展立于不败之地，才能实现真正意义上的“人与自然的和谐”。

城市综合防灾的系统思想在于要改变传统防灾“各自为政”的体系，建立一个以预测、预报、预防、救援几大系列为主，包括各单项灾害系统在内的总体研究体系。如依据改进了的气象卫星和地面观测网所提供的当地气象预报的普遍应用；通过建立灾害的警报、预报、排除、限制系统，使灾害发生时城乡道路毁坏程度大大降低；根据临近爆发的探测信号传感的改进，来建立防止灾害的系统；综合考虑土木工程领域所涉及的建设体系，广泛采用地震强度和地基资料显微分析技术，减轻灾害损失；为在灾害事故中能加强安全措施，广泛应用多路布置，改进“生命线”永久性基础设施的可靠性技术；应用生物工艺学对不易分解的和有害的物质进行高效处理的新型废水处理系统的再开发；城市附近要建立可调节的水资源或大水域的管理系统等❶。

因此，在绿色住区综合评价中应考虑是否满足：

所要达到的目标	所能达到的要求				
	9(满足100%)	7(满足80%)	5(满足70%)	3(满足60%)	1(满足50%以下)
(1)尊重并继承适合当地地理、地质及气候条件的传统“适灾”技术，如传统与现代的防震、耐震构造的应用等					
(2)利用园林绿化或建筑外部设计减少热岛效应，提高基地的保水特性，保证住区内温度、湿度和风速等各项评价指标符合舒适、健康和节能要求					
(3)设置防护林以防风沙，减少水土流失，防止沙漠化、滑坡、洪水等灾害					
(4)结合现代技术，考虑综合防灾、减灾的规划，预警、疏散、应付突发公共卫生事件等措施的实施，确保灾害到来时，对人的危害能降到最低					

7.2.3 植被与绿化体系（D_{23}）

我国民间素有“树木花草栽庭院，空气新鲜人舒展”之说。现代医学研究也认为，绿化不仅能净化、美化环境，而且有益于人类的健康长寿。众所周知，绿化体系不简单是景观要求，要将其功能化、系统化，融入整体小生态圈，通过绿化达到住区保水、调节小气候、涵蓄雨水、降低污染、隔绝噪声等目的，为居民提供亲近自然的室外空间，同时满足住区生态环境功能、休闲活动功能、景观文化功能的需要。故要求利用植物、水体、地形和园林小品、休憩空间等构成有特色的住区集中绿地和宅间绿地开放空间等（图 7-4）。

树木和花草被称为空气中烟尘的过滤器，植物通过光合作用，能够净化空气。据法国

❶ 金磊《城市灾害学原理》[M]. 北京：气象出版社，1997. 12。

图 7-4　具有生态功能的某集中式绿地示意图❶

首都巴黎市环保局统计，在 15 天内，100g 榆树叶、栗树叶、槐树叶、椴树叶可分别吸附的灰尘为 2.74g、2.29g、1.00g、0.94g。另外 $1hm^2$ 树林一天可放出氧气 700kg，吸收 1t 左右 CO_2，并可同时吸收大量的 SO_2，分泌出多种杀菌素，由于大量的植树造林和人工绿化的作用，能有效地避免城市中的大气污染。

我们必须创造一个整体连贯而有效的自然开敞绿地系统，虽然现今许多城镇在城市中和郊外建立了动、植物园或自然保护区，但由于建设的人为影响，特别是城镇道路建设往往割断自然景观中生物迁移、觅食的途径，破坏了生物生存的环境地和各自然单元之间的连接度，从而改变了生物群体原有的生态习性。现在多数设计师存在着“休憩绿地”的错误观念，只注重面积指标和服务半径，使开敞绿地空间只处于建筑、道路等安排好后“见缝插绿”的配角位置，因而不能在生态上相互作用，形成整体的绿地系统。有关专家指出，我国适宜的森林覆盖率应为 28%，而目前仅为 18.21%。

而在欧洲，不仅在城市随处可见大片精心培植的公共草地和私家草地，而且在乡村也可见到大片大片的人工草地或天然草场。草木的根系使土质松软，暴雨时，不仅土壤和植被的根系可以吸收大量雨水，即便是绿叶和树枝上截留的雨水也是十分可观的。二者均阻止暴雨急速泻入江湖。欧洲是世界上植被保护得最好的地方，也是最适合于人类居住的大洲，今日欧洲居民得享此福，是其祖先几百年投入与经营的结果，值得我们借鉴。

在绿化中应保持绿化物种的多样性（图 7-5）。生态学认为，物种多样性是维持系统稳定的关键因素，同时，植物系统的物种多样性也将更好地发挥其生态功能。有数据表明，同样面积的乔木、灌木和草坪组成的覆层结构的综合效益（如释氧固碳、蒸腾吸收、减尘杀菌及减污防风等），为单一草坪的 4～5 倍，而养护管理投入之比为 1∶3。生态效益的趋势是：乔灌草复合性群落大于灌草型群落，而后者又大于单一草坪。所以居住区环境建设中，应避免盲目使用大面积的单一草坪，而采用综合生态效益更佳的复

❶ 源自《绿地景观设计》。

图 7-5　具有绿化物种多样性的某集中式绿地示意图❶

合林地绿化。

另外，要合理地进行绿化配置。住区环境的绿化设计应注重绿化布局的层次、风格与建筑物相互辉映，同时要充分考虑物种的生态特征，根据不同植物种类进行合理空间分布，使它们相互补充融合。植物的选择应优先考虑利用地带性树种，也应强调立体绿化的模式，它可有效增加绿化面积，充分发挥绿化的生态效益，改善微气候环境。立体绿化是绿化技术的创新，主要包括首层绿化、中层绿化、屋顶绿化以及墙面绿化。首层绿化可采用架空实现，如广州的紫荆花园，对其首层架空，建成一个大型喷泉花园，是一个很好的示例；中层绿化可将中层设计成一个面积较大的平台，上面广植花草，如广州的天一居，它的第二层就是一个面积达 30000m^2 的花园；屋顶绿化可通过建筑屋顶蓄水覆土种植屋面，再在屋面上种一些花草或灌木，形成一个空中花园；至于墙面绿化，可在墙面上设计由柱子和圈梁形成的构架，再加设种植槽和喷灌系统，以便于植物植根和生长，杨经文设计的生态摩天楼就能充分利用立体绿化方式改善微气候环境（图 7-6）。

我国居住区规划设计规范中规定了如下指标：新建居住区绿地率应不低于 30%；居住区内人均公共绿地应根据居住人口规模分别达到：组团不少于 0.5m^2/人，小区（含组团）不少于 1m^2/人，居住区（含小区与组团）不少于 1.5m^2/人，并应根据居住区规划组织结构类型统一安排、灵活使用。上述居住区绿地定额指标的确定主要与绿地的生态功能有关——调节和改善小气候、平衡碳氧比例。而《国务院关于加强城市建设的通知》（讨论稿）指出，到 2005 年，全国城市规划人均公共绿地面积应达到 10m^2 以上。廊坊市内每相隔 500m 就有一个城市花园，全市绿化率已达 40%，垃圾无害率已达 100%，有 3000 多亩绿化带的开发区谢绝了“有问题”企业的 31 亿投资，这个在全国第一个通过“ISO 1401 城市环境质量论证”的城市果然名不虚传，避免了急功近利，准备以优美环境迎接新一轮腾飞。

❶　源自《绿地景观设计》。

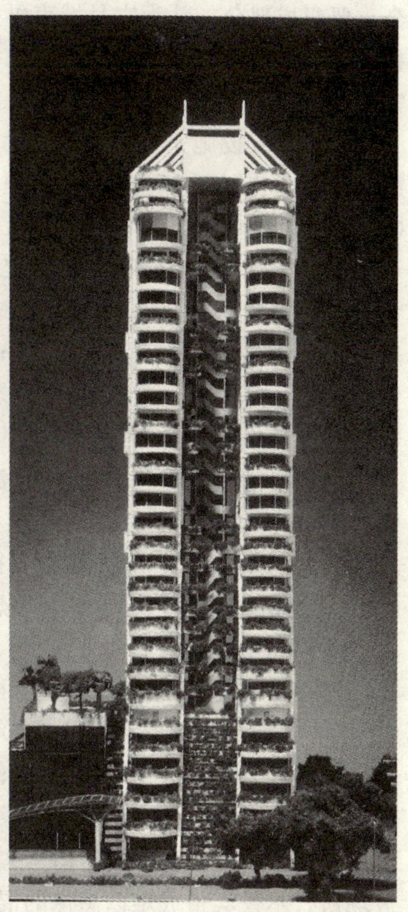

图 7-6　杨经文设计的摩天楼立体绿化示意图❶

因此，在绿色住区综合评价中应考虑是否满足：

所要达到的目标	所能达到的要求				
	9(满足100%)	7(满足80%)	5(满足70%)	3(满足60%)	1(满足50%以下)
(1)设计与生态系统具有共生关系的系统，如绿化布置与周边绿化体系形成系统化、网络化关系。通过绿化调节小气候					
(2)保全建筑周边昆虫、小动物的生长繁育环境					
(3)绿地配置合理，位置和面积适当，并做到点、线、面相结合。利用植物、水体、地形和园林小品、休憩空间等构成有特色的住区集中绿地和宅间分散绿地开放空间，提供视觉景观享受					
(4)充分利用墙面、屋顶和阳台等部位进行立体绿化					
(5)绿地率≥30%，绿地本身的绿化率≥70%。立体或复层种植群落占绿地面积≥20%					

7.2.4　基础设施完善度（D_{24}）

吴良镛院士在《人居环境科学导论》一书中，将基础设施视为“生命支撑系统”的一

❶《T. R. Hamzah & Yeang：ecology of the sky》。

个重要组成部分，认为它是城市可持续发展的基础，在城市化过程中总是处在先行地位。根据现代社会经济发展的要求，此指标的评价可从市政设施、交通设施、信息设施三者的完善度方面来进行。

(1) 市政设施完善度。市政设施除包括供电、供热、供气、给水排水、消防等常规设施外，绿色住区还应配备污水处理、垃圾分类、灾害报警等设施。其完善程度不仅直接影响居民生活的必需——可居性，且影响生态环境保护许多目标的实现。

(2) 交通设施完善度，包括交通便捷度和交通工具存放空间。

居民对交通关心的是：①上、下班（学）交通；②公共站点位置和距离；③购物交通便捷；④住宅门距汽车道距离；⑤消防、救护、救灾的通道；⑥人车交通的分离与安全组织。其中④、⑤、⑥和建筑布局有关，已在前面提及。有关专家认为，应以城镇公共交通换乘站为中心组织城镇基本生活单元，即城镇客运交通以公共交通为出发点，以严格的道路分工和人车分流系统为基础，以公共交通专用线、专用道为整个城镇道路、客运系统的主骨架；城乡基本生活单元以公共交通停靠站或换乘站为核心，以停靠站的服务半径和站距为依据，即步行时间约 5min，步行至车站的距离约 400～500m，站距约 800～1000m 为理想范围，其用地规模约 400000～600000m^2。在公共换乘点或停靠站处设置商业服务业、文化娱乐、体育卫生等公共服务中心及工作或生产就业点，从而使公交停靠站成为社区中心。2005 年 3 月 29 日《新华每日电讯》报道："十一五"期间，国家将投入 1000 亿元资金，对全国所有县乡公路进行改造和道路升级，而目前，我国还有 145 个乡、50124 个村不通公路，此项信息对广大农村地区无疑又是一大福音。

我国是一个"自行车王国"，加上众多的摩托车和助动车，在住区内如缺乏合理的停放场所，不仅会造成难以想像的混乱，且易造成邻里之间的不和；另外，随着我国人民生活水平的日益提高，私人汽车以日新月异的增长速度进入家庭。当前，在许多住区内，私人汽车占道甚至公然占用绿地乱停放的情况比比皆是，其存放空间已成为住区面临的现实难题。上海三林苑小区采取住宅底层架空，除作为别的用途外，也为居民提供了大量各类私人车辆的停车位，另外，还在小区公园的大片草地下留有 200 辆车位的地下汽车库备用地，此可作为一种借鉴。

(3) 信息设施完善度。随着人类进入信息时代，不仅常规意义上的人际通讯异常频繁，而且通过计算机网络，人们可以实现在家里办公、学习、购物以及享受娱乐等，有时还需通过网络实现家电遥控、防盗报警等。因此，通信网络设施（包括宽带网等现代设施）的完善配备和建筑内部信息设备空间的合理安排是不可或缺的。

因此，在绿色住区综合评价中应考虑是否满足：

所要达到的目标	所能达到的要求				
	9(满足100%)	7(满足80%)	5(满足70%)	3(满足60%)	1(满足50%以下)
(1)具有与现代绿色住区功能要求相匹配的各类市政设施					
(2)减少住区内外机动车造成的环境污染和安全隐患，优化区域交通网络，住区与外界交通方便；附近公共交通便利					
(3)住区内具有合适的汽车、自行车等交通工具停放设施					
(4)具有与现代绿色住区功能要求相匹配的各类信息设施					

7.3 室内环境（C_8）

任何建筑空间都是一个人、物、自然之间距离与互动组成的有机整体。这个空间系统存在于一定的自然环境之中，是自然环境的一个有机组成部分。同时，建筑空间系统也是一个人工系统，是为了实现某种功能而创造的，为了满足人们的需求而存在和发展的。现代室内环境的概念是深层次意义上的对作为室内环境主体的人的生理、心理、行为、物质、精神等多方位综合因素的理解和表现，其目的是要使所创造的人工环境既具有基本的功能，同时又具有艺术个性和文化品味，体现民族性、时代性和地域风格。室内环境应当满足必要的要求，应有合适的温、湿度，必要的风速，新鲜的空气，充足的光线和不受周围环境的热、光辐射与噪声干扰等。既要在生产的过程中关注环境，在自身和对环境的需求上最大限度地保护环境和利用资源，又要在使用过程中保护使用者，不污染环境[1]。

因此室内环境评价包含了是否有舒适宜人的建筑空间、良好的室内物理环境和不影响人体健康的安全环境等指标。

7.3.1 室内空间环境（D_{25}）

作为有机的活性体系的建筑，为了适应环境条件的变化，一定要具有灵活、可变的适应性体系，因而它必须具有开放性，使其生存范围更广，使用生存寿命更长，竞争优势更大。另外，建筑像有机生命体一样，不但内部形态不断在变化，而且也会有增长的要求，因此，也应该是一个可增长的体系。此外，建筑作为人造环境，不仅要与自然环境协调，而且它也要适应社会生活形态的发展变化。而长期以来，建筑设计活动常常忽视千变万化的社会生活形态的变化，采取静态的思维逻辑和设计模式，把建筑设计成一种终极的产品、定型化的空间。为此，鲍家声教授在《可持续发展与建筑的未来——走进建筑思维的一个新区》一文中指出，建筑不仅仅是“凝固的音乐”，而且还应该是一个动态的、有生机的能持续发展的空间形态；建筑不仅是静态的三维空间，还应考虑动态的四维——时间的因素，走向开放的建筑就是要以系统的、动态的观点来设计建筑环境，以此为基本出发点来研究建筑形态与社会生活形态的互动互适关系。

因此，必须以一种柔性的、开放的居住环境设计来取代过去那种刚性的、封闭的环境设计，即将当时的环境为其后的扩建或改建提供条件，既满足了当时的需要，也考虑到尚未预见到的需要，使设计走向可持续发展道路。这就要求建筑具有最大的空间包容性和使用的灵活性，创造灵活的空间体系；同时提供易于安装、更新和维护的建筑填充体系以及相应的建筑服务体系。如当今国内绝大部分商品房的内层净高在 2.5～2.7m 左右，而中国人的身材高度在不断增高，预计十几年后，平均身高可能达到男 1.78m 左右，女 1.65m 左右，故使用期为 60～100 年的住宅，在“层高”上也应有一个“未来适应性”的眼光。据调查，今后住房者在住宅面积上达到满足后，“层高”问题便成为追求的一个主要目标，内部低矮的住房必然会在“心理压力感”及“不易调节室内空气”中受到冷落。

---

[1] 杨士萱：“建筑内部空间环境与人类生活”，《建筑学报》，2000（1）。

另外，室内活动路线的设计应科学合理。如路线是住宅室内空间设计的基础，应根据人们的行为方式，组织一定空间，通过流线设计分割空间，从而划分不同功能区域，特别是一些较大或较小的厅。一般室内流线可划分为家务流线、家人流线和访客流线，对于家务流线应尽量避免迂回、浪费时间和体力；对家人流线应尊重主人的生活格调，满足生活习惯；访客流线则要注意不应与家人流线和家务流线交叉，要创造通畅方便的环境。

在对延安市枣园村示范新窑居的调查中，我们注意到新窑与老窑相比，最大的优点之一就是室内空间环境质量有了很大的改善。它改变了传统窑洞一明两暗式的布局，各功能空间分区明确，使过去那种会客、做饭、寝室等各种功能混杂的景象不复存在；同时，由于居民始终参与设计与建造过程，他们根据自家人口结构组成及发展的可能性，在空间布局上各不相同，这是新的体系所带来的优越性（如图 7-7 所示）。

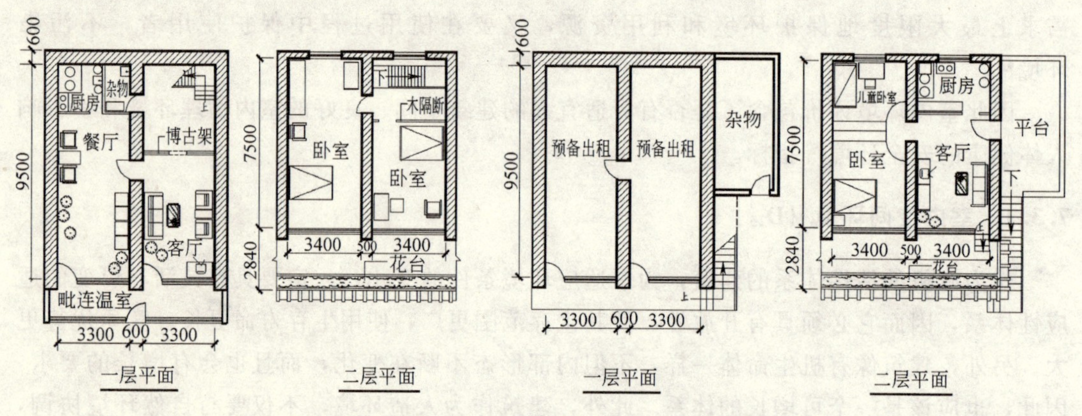

图 7-7　枣园村示范新窑灵活的室内空间布局❶

丘吉尔说过："人创造环境，环境创造人"。随着室内空间环境质量的改善，也必将影响人的生活习惯和方式。在示范新窑中，你会看到更加惬意的窗明几净，更加讲究的布置方式，绿色的盆栽点缀着室内环境。正如被访者——村支书陈伟所说："我现在比以前更爱干净了。"难道这不是一种进步吗？

所以，在绿色住区综合评价中应考虑是否满足：

所要达到的目标	所能达到的要求				
	9(满足100%)	7(满足80%)	5(满足70%)	3(满足60%)	1(满足50%以下)
(1)空间体系应为灵活、可变的适应性体系					
(2)柔性、开放和符合人体工程学的空间设计，适合心理健康的层高、进深					
(3)室内活动路线的设计应科学合理，保证舒适性和私密性					

7.3.2　室内物理环境（D_{26}）

室内物理环境主要包括建筑热舒适性以及光、声环境，它是保证人们在工作、学习时

❶　源自延安枣园绿色新住区示范窑。

有充沛的精力和享受高品质居住质量的重要前提之一。大量的实验及研究文献表明，人们的“舒适”是由三个方面因素所构成：(1) 个人的因素。由个人自身控制：个人身体的新陈代谢、衣服的适量与调整、自身的运动；(2) 可测量的环境因素。像空气温度、表面温度、空气流动、空气湿度、空气净化程度、噪声级、照度水平等；(3) 心理因素。色彩、质感、声音、光照、气味、运动等环境因素对人们心理的影响。热、光、声、色、绿与建筑，共同构成人类居住与工作的环境，而它们与人们的实际感觉经验是分不开的，即使能通过科学实验测定出舒适范围，也要根据实际情况进行调控[1]。

我国目前尚无统一的标准来评价建筑热舒适性，在室内热环境质量方面只是规定对于采暖的民用建筑，其主要房间室温宜采用16～18℃。

热环境质量及人体热舒适性问题在国外尤其是北美及西欧，已经做过很多试验研究工作，提出评价人体热舒适的指标包括：新有效温度（ET）、预测平均热感觉指标（PMV）、预测不满意百分率（PPD）和标准有效温度（SET）等。其中PMV已被国际标准化组织（ISO）认可，并规定室内热舒适指标为PMV值在−0.5～0.5范围内。人体热感觉按七级制划分，其关系如表7-1所示[1]。

PMV值与人体平均热感觉关系 **表7-1**

PMV	+3	+2	+1	0	−1	−2	−3
人体热感觉	热	暖	稍热	舒适	稍凉	凉	冷

要获得较满意的PMV值，一是各部位保温效果符合或优于各地区节能设计标准限值；二是利用可调节室温的节能技术措施；三是利用可节能的供热、空调系统，关于供热、空调系统的节能，是当前讨论的热点。户式中央空调被称为“空调革命”，并正以不可忽视的加速度被用户所接受。如前所述的可再生的清洁能源：地源和水源热泵在我国也正在逐渐推广。

适宜的室内环境不仅能保持人体正常的热平衡，还能确保人体健康和正常的工作效率，同时影响室内污染物的释放。由国家环保总局、卫生部和国家标准局共同制定的《室内空气质量标准》（以下简称《标准》），对室内空气的温度、湿度、流速和新风量等项指标都做出了明确的规定。

通常室内新风供应量越多，对人们的健康越有利。许多实例表明：“建筑物综合症”产生的一个重要原因就是新风供应量不足。目前室内新风供应量不足、换气次数不够是普遍现象。新鲜空气可以提供呼吸和机体代谢所需要的氧气，还能调节室温，除去过量的湿气和稀释室内污染物。根据室内二氧化碳（CO_2）的浓度来确定新风供应量，是目前大多数国家使用的基本方法。因为CO_2与人的新陈代谢有关。

一般来讲，在一间房子中应把CO_2的浓度限制在0～1%以内，悬浮粉尘浓度要低于0.15mg/m^3，这就需要保证每小时为每个人提供30m^{3}的新鲜空气。在夏季，室内空气流动可以促进人体散热，而在冬季会使人感到寒冷。目前楼堂馆所都有空调设施，室内门窗一般处于关闭状态。室内各种有害化学物质不能及时排出到室外会造成室内空气质量恶化，损害人体健康，还可导致在室内生活时间较长的婴幼儿、老年人等高危人群的发病率

[1] 袁旭东、甘文霞：“室内热舒适性的评价方法”，《湖北大学学报（自然科学版）》，2001 (2)。

增高。因此《标准》规定，在夏季，室内空气流速应大于冬季。

室内小气候最重要的因素是温度。人体对于温度较为敏感，而且只能在生理条件下进行有限的调节。如果人的体温调节系统长期处于紧张工作状态，就会影响神经、消化、呼吸和循环等多系统的功能，使抵抗力降低，患病率增高。《标准》规定，在夏季有空调的场所，室内温度应为22～28℃；在冬季有采暖设备的场所，室内温度应为16～24℃。

室内湿度过小或过大时，不仅影响人的舒适感，微生物在室内湿度较大时还会加速生长繁殖，导致室内污染加剧，通过呼吸进入人的呼吸系统或消化系统而导致多种疾病。《标准》规定，在夏季空气湿度应为40％～80％，冬季应为30％～60％。科学研究证明，人生活在相对湿度40％～60％，湿度指数为50～60的环境中最感舒适。冬天，气候本来就十分干燥，使用取暖器，在产热的同时犹如用火烤空气，使环境中相对湿度大大下降、空气更为干燥，会使鼻咽、气管、支气管黏膜脱水，使其弹性降低，黏液分泌减少，纤毛运动减弱，当吸入空气中尘埃细菌时不能像正常时那样很快清除出去，容易诱发和加重呼吸系统疾病。此外，干燥的空气使表皮细胞脱水、皮脂腺分泌减少，导致皮肤粗糙起皱甚至开裂。因此，保证室内有适宜的湿度是很重要的。

据研究，在白天要满足人体视机能的要求，室内自然照度至少需要达到75lx，而且光线分布要均匀，避免产生较强的眩光现象；采光系数（窗地比）应达到1/8～1/6，这在D_6自然采光指标中我们已详细讨论过；而使用高效节能的照明设施，对减少发电排污、保护自然环境具有重要的意义，这在D_{13}可再生及长寿命耐用建材中也已述及。

有关卫生专家认为，形成近视的主要原因是视觉环境，而不是用眼习惯。应营造环保、健康、节能和精美舒适的“绿色光环境”，除了美观、安全、经济的因素，还要考虑以下原则：(1) 功能要求。根据不同的空间、不同的场合、不同的对象选择不同的照明方式和灯具，并保证恰当的照度和亮度。例如，卧室要温馨，书房和厨房要明亮实用，卫生间要温暖、柔和等。(2) 协调要求。在选择和设计灯光和灯具时，一是要考虑造型、式样与室内装修风格及家具的配衬协调。二是根据灯具与居室总的面积、空间大小、室内高度等条件的协调来选择灯具的尺寸、类型和多少。三是要注意色彩的协调，即冷色、暖色视用途而定。要避免眩光，以保护视力；要合理分布光源，光线不要时暗时明或闪烁，光线照射方向和强弱要合适，避免直射人的眼睛。

在室内，如对噪光污染重视不够，其后果就是易患各种眼疾，特别是近视比率迅速上升。随着城市建设的发展和科学技术的进步，日常生活中的建筑和室内装修采用镜面、瓷砖和白粉墙日益增多，书报纸张则越来越光滑，人们几乎把自己置身于一个“强光弱色”的“人造视环境”中。据科学测定：一般白粉墙的光反射系数为69％～80％，镜面玻璃的光反射系数为82％～88％，特别光滑的粉墙和纸张的光反射系数高达90％，比草地、森林或毛面装饰物面高10倍左右，这个数值大大超过了人体所能承受的生理适应范围，构成了现代新的污染源。

视觉污染则是指居室设计不合理、家具摆设凌乱、色彩不协调和谐、房间地面不整洁等，这些现象都会使人体心理活动失衡，从而影响健康。2004年4月23日《每周文摘》引用《广州日报》报道：五颜六色的灯光除对人视力危害甚大外，还会干扰大脑中枢高级神经的功能。2004年英国一家科学杂志曾发表文章指出，在对8000名3～4岁的儿童进行了一系列有关语言能力的水平测试后，发现凌乱无序的家庭居住环境对儿童的智力发育情况起着明显的负面作用。

当今，噪声对人们带来的影响逐渐增大，为此，人们必须考虑各种各样的措施，把居住环境建设成为一个宁静的场所，以适应人们在此学习、休息与工作。在《住宅绿色标准》中规定：住宅室内允许噪声标准等级：一级≤45dB，二级≤50dB，起居室允许噪声标准等级亦如前。在建设部出台的《AAA级商品住宅适用性能指标体系》中也对分户墙、分室墙、含窗外墙、楼板等的空气声计权隔声量及撞击声压级做出了规定，例如，分户墙的空气声计权隔声量应≥45dB，楼板的撞击声隔断应≤65dB等。因此，为防止噪声，可利用隔声性能好的材料及吸声材料等措施来达到防噪声的目的。

而在具体的设计中，有以下这样的几种做法能够改善噪声对居住环境所产生的不利影响：(1) 可采用吸声材料与结构来降低居室环境内部声音的混响时间；(2) 可采用隔声贴板、防声窗框与空心玻璃进行隔声处理，并提高施工质量，保证墙体与楼板能够满足各种相应等级的隔声标准；(3) 可采用消声器、减声器来排除外部噪声对居住环境内部人们生活所产生的影响。而对住宅主人来说，若能较好地控制家庭内部各种噪声的产生才是一种最为经济且行之有效的方法。

所以，在绿色住区综合评价中应考虑是否满足：

所要达到的目标	所能达到的要求				
	9(满足100%)	7(满足80%)	5(满足70%)	3(满足60%)	1(满足50%以下)
(1)采用节能型的供热、空调系统；推广采暖、空调、生活热水三联供的热环境技术					
(2)各部位保温效果符合或优于各地区节能设计标准限值					
(3)具有可调节室温的措施。根据室内温度的自然分布，对热缓冲区或居室进行合理布置，以减少热传递的损失					
(4)具有适当的湿度以尽量减少微生物生长的机会					
(5)主要使用空间能获得日照及适宜的采光系数					
(6)具有高效节能的照明设施，全部使用节能灯具					
(7)营造环保、健康、节能和精美舒适的“绿色光环境”，充分注意防止室内的噪光污染					
(8)充分注意防止室内的视觉污染					
(9)采取行之有效的措施进行住宅楼内外噪声控制，重视住宅建筑本身的防噪声设计，合理选择建筑构件并严格控制施工质量，以确保其必需的隔声性能。供热、空调设备的室内噪声不得大于35dB；室内声环境应符合下列噪声等级标准：白天小于等于45dB，夜间小于等于40dB					

7.3.3 室内卫生环境（D_{27}）

室内空间的人工气候环境和各种人为产生的负面因素，如噪声、污染、遮挡、眩光、紊乱、交通干扰、有害散发物等，影响人们身心健康，这是绿色建筑必须要加以克服的。2003年上半年，突如其来的“非典”灾难，使我们对于生命、对于健康更为关注。健康的居住环境，成为人们关注的热点，对于“健康的居住环境”已经超越了概念的关注而成为现实的需求。建筑卫生学从医学的观点出发，将有关的医学、卫生学研究成果用于建筑设计的各个阶段，从而使最终完成的建筑环境能符合相应的医学、卫生学要求，以保障人们拥有健康卫生的生产、生活、工作环境，建造健康、“绿色”的人居环境，在满足建筑基本要素的基础上，以可持续发展的理念，保障居住者生理、心理和社会等多层次的健康需求，营造出舒适、便捷、安全、卫生、健康的居住环境。

随着人民物质、文化生活水平的提高，人们对室内装修的品味也日益提高，这离不开越来越高档豪华的装饰材料，要么追求格调高雅的文化味、要么追求朴实归真的自然味、要么追求温馨浪漫的色彩味……，这一切都离不开越来越高档豪华的装饰材料，但殊不知自己的身体却也正默默地遭受着它们的侵袭。加拿大的一个卫生组织的一项调查显示，人类所患的疾病中有68%是源于室内空气污染。另据美国的一项调查，室内空气中可检出500多种挥发性有机物，室内有害气体高出户外数十倍，而室内空气的污染源除了少量是人体自身排出的废物以外，更多的则是现代装潢材料。大量的化工材料含有对人体有伤害的各种物质，如甲醛、苯存在于各类含有胶的建材中，而这两种物质对人的伤害相当大。有些材料还含有放射性物质，虽然在短时间内对人体不会带来明显的伤害，但长时间在这样的环境中对人的影响也是很大的，因此，避免或减少这类建材的使用对环境和人有益。

由于现代建筑趋向高绝热性、高气密性，并且大量采用化学建材，由材料散发出的甲醛、VOC（挥发性有机化合物）、苯氯乙烯等有毒物质的含量超过限度后，会引发多种疾病，特别是由此引发的“化学物质过敏症”被专家预测为21世纪最大的公民病。2005年3月14日，由中国科协工程联合会、北京大学环境学院、中关村清新空气产业联盟等单位组织的“世界（WHO）卫生组织甲醛致癌公报”研讨会在京举办，据中国装饰协会室内监测委员会宋广生主任介绍，室内空气污染主要是由甲醛、苯、氨和放射性物质这四种污染物引起，其中甲醛来源于人造板材、胶粘剂、墙纸等材料里，是强烈致癌物质，严重危害人体健康。因建筑装饰污染引起的年死亡人数已达11.1万人，每天大约304人，相当于全国每天因车祸死亡的人数。

有关专家经过多年调研，指出氡气作为19种主要的环境致癌物质之一，在肺癌的各种诱因中，只逊色于吸烟。在美国，每天约有60人被氡杀死，超过了艾滋病每天夺命的人数；在我国（据报道，目前我国已成为世界上第一肺癌大国），每年也约有5万人被氡杀死。而氡的主要藏身之所就是建筑材料和室内装修材料：矿渣砖、炉渣、花岗岩、瓷砖、洁具等。世界卫生组织制定了室内空气有机化合物总挥发量（TVOC）为每$1m^2$不超过$300\mu g$的标准建议。欧洲地区制定的室内环境质量标准建议：室内空气中甲醛、氧化氮、一氧化碳、二氧化碳、氡气、人造矿物纤维、有机物等的最大量不得超过$0.15mg/m^3$。

除此之外，现代化的办公设备和家用电器也会造成空气污染。计算机、手机、微波炉和彩电等均是隐形杀手，它们用来杀人的利器就是电磁辐射。实际上，电磁辐射的危害性绝不亚于科幻电影中的核泄漏，只不过由于其程度很轻而作用周期很长，很难在短时间内引起人体的明显变化，因而也就容易为人们所忽视。

据调查，由建筑物及其内部设备造成的危害人体健康的疾病达数十种，根据其疾病的性质、致病的病源等，大致可分为三大类：(1) 急性传染病；(2) 过敏性疾病（包括过敏性肺炎、加湿器热病）；(3)“病态建筑物综合症”。

致病的根本原因就是通风不够。我国现行室内空气质量标准是满足生理标准的正常需求，每人每小时应获得 30m³ 新风，美国标准达 50m³/h。国外有这样的界定，如果一幢建筑中有 30%的人都有近似的不适感，就基本判断为“病态建筑”。

因此，在绿色住区综合评价中应考虑是否满足：

所要达到的目标	所能达到的要求				
	9(满足100%)	7(满足80%)	5(满足70%)	3(满足60%)	1(满足50%以下)
(1)完全使用对人体健康无害的建筑、装饰材料，减少VOC(挥发性有机化合物)的使用					
(2)充分注意对危害人体健康的有害辐射、电波、光波、气体等的有效抑制					
(3)充分注意室内空气质量符合健康标准；充分注意空气环境除菌、除尘、除异处理					

8 地域性评价

8.1 地域性评价的基本概念

在当今世界发展的趋势中，一方面我们可以看到全球化、一体化、标准化与数字化的趋向，这是无法阻挡的；同时有另一方面的趋向，就是地域化、多样化与个性化，人们会越来越顽强地保持自己的文化系统和传统，保持自己的独立性。几千年积淀下的文化是人类主体创造活动的结果和主体生命价值的辉煌展示，文化的魅力在于其生生不息的生存力和蕴涵其间的感召性意义。随着世界格局的多极化、经济与生活方式的多样化，人们已充分意识到单一文化模式的危害性，只有保持丰富多样的各种文化，才能维持文化这一生态系统的新陈代谢和生态平衡，因此，促使世界文化的多元构成，成为时代的必然要求。

由于人类生活在不同的地理环境中，人类生活所遇到的既成的历史传统和生活方式始终或永远不可能是千篇一律的，因此经济全球化中的文化肯定是多元、多彩、多姿的。文化的多样性使世界变得丰富多彩，文化的自尊和自爱使我们在这个经济全球化的过程中能够得到平衡，所以 2001 年 12 月吴良镛院士在“建筑与地域文化国际研讨会”上特别强调要“像保护生物多样性一样，对文化多样性进行必要的保护、发掘、提炼、继承和弘扬”。

建筑是经济、技术、艺术、哲学、历史等各种要素的有机综合体，作为一种文化，它具有时空与地域特性，这是不同生活方式在建筑中的反映，同时，这种文化特性又与社会的发展水平相关。丹纳指出:“自然环境影响着特定的精神气候形成”，中国俗话则说:“一方水土养一方人”。可以看到，在不同的地区，一定的文化除和自然环境密切相关外，还和当地历史上人的活动密切相关，它们深深影响着作为具有社会性的人群的生活习俗、道德规范、审美趣味、民族性格、文化选择和评价准则，由此形成了独特而鲜明的地域特点。这种特点在社会生活模式缓慢的发展演变中逐渐形成为具有地方性的乡土文化。地域文化是一定区域内人类社会实践所创造的物质财富和精神财富的总和，建筑作为地域文化的一种实体化形式，是地域文化系统的重要组成部分，探求建筑子系统与环境的整体关联性是绿色建筑思维的一个重要部分。我们要在建筑构思中积极发掘地域文化中的特征性因素，将其转化为建筑的组织原则及独特的表现形式，使建筑的演进能够保持文化上的特征性和连续性。历史发展表明：建筑文化的地域性与时代性相辅相成地为建筑文化的发展从不同方面提供营养，随着时代的跃迁而不断更新的地域建筑文化是最有生命力的。

8.2 继承历史（C_9）

我国幅员广阔、民族众多，在悠久的历史长河中，形成了博大精深、绚丽多彩的各种乡土文化，不仅结合本地自然条件及文脉留下了许多优良的建筑构造及造型，也留下了许多独特的生活习俗及风格，诸如传统的建筑施工技术及本地建材的选用等。国家建设部的李先逵先生曾指出：中国优秀传统建筑文化有三大特色，一是有丰富博大的建筑文化哲理内涵；二是有人与自然和谐的环境生态价值体系；三是有以人为中心重情知礼的人本主义，其中有许多精华都是与当代人居环境科学和可持续发展战略相通的，与未来建筑的高智能化、高生态化、高情感化、高艺术化的发展趋势相通的。在向西方发达国家学习的同时，我们不应忘记发扬光大自己建筑文化的优良传统。建筑师《华沙宣言》曾着重指出："建筑师应保护和发展社会遗产，为社会创造新的形式，并保持文化发展的连续性"。我们使用历史重构和阐释的方法，以社会人群的习俗和价值观等去重构和阐释传统社会生活模式、以现代观念从中去提取设计概念、继承优秀的民族传统将是建筑师良知和智慧的表现，而采用传统文化基因为现代城镇建筑定式、定形、定神，可达成它与历史的关联。

本准则包含与乡土的有机结合、地域历史景观的保护与继承、保留居民对原有地段的认知性等指标，以便在绿色住区中更好地继承与保护历史。

8.2.1 与乡土的有机结合（D_{28}）

中国可以划分为若干个有着相似或相同传统文化特质的文化地理区域，其居民的语言、宗教信仰、艺术形式、生活习惯、道德观念及心理性格、行为等方面具有一致性，带有浓厚的区域文化特征。地域文化环境是经济全面发展的不可或缺的前提，在经济运行中，每一个活动主体都无可避免地感受到文化背景的深沉力量。文化背景的差异，总是通过经济活动的方式、规模、层次曲折地反映出来，在当代，文化力量对于经济效益的作用日益显著。一方面，人们享受着文化背景所赐予的灵感和力量；另一方面，他们也日益感受到消极文化所带来的惰性与锁定效应。

例如，山东省境内的"齐文化"和"鲁文化"就造就了不同特色的区域经济。从历史上看，鲁国认真推行周制，而齐国则"简其礼"，从而导致"齐文化"轻灵、功利、世俗色彩浓；而鲁文化厚重，伦理色彩浓。今天山东境内各地经济发展不平衡，齐地的经济强于鲁地，固然有政治、历史、地理等因素的作用，但由于地域文化的差异导致人们思想观念的不同而对经济发展产生的影响也是不容忽视和低估的。

又如，黄土高原较恶劣的自然环境和气候条件，加上历史上战乱频频，使这里成为相对闭塞和艰苦的生存空间，外来文化的种子移植缓慢，因此本土文化的原生形态破坏不大，这里更多地保留了文化内蕴的统一，保留了自然纯朴的生活状态和文化心理以及一些原始、古朴、野性、神秘的民俗和勤俭朴实、任劳任怨、安天知命、克己礼让的文化价值取向。当地居民特定的社会生活模式和文化心理以"集体无意识"的"原型方式"积淀在民间建筑文化中，如最具代表性的窑居建筑，其重要特征之一，就是以趋于厚重、封闭、内向的空间以支撑其特定的社会生活模式。黄土高原地区的冲沟村落及窑洞建筑群落是一种源于自然、又融于自然的生态建筑，它包含了最质朴、然而也是最有生命力的人工环境和自然环境相融合的哲理，黄土高原的千沟万壑是大自然塑造的结果，黄土沟坡构成了当地村落的文化特质与精神生活的依托。上述情况本身就体现了当前大力倡导的与自然生态环境及人文生态环境和谐一致的"绿色建筑"

思想，所以窑洞居住模式已成为我国建筑文化宝库中的一份珍贵财富。因此，在绿色住区设计中应充分运用现代科技与体现当地传统营造技术特点的“适宜技术”相结合，实现资源的合理使用与生态系统的平衡，使改造后的窑村达到既能保持窑村固有的生态优势，又具有满足居民享受现代社会生活所需功能的基础设施，从而创造符合当今时代特点的“绿色居住模式”的目的。

在绿色住区的建设过程中，我们力求贯彻保持传统聚居生活方式“原型”的原则，因为传统的居住模式包含了人类生活对自然环境的适应与对生存空间的创造这两层含义。地区传统建筑中蕴含着原生的生态规律与各种适用的原理、地域技术及丰富的文化内涵，都是激发我们建筑创作的思想库存。当地传统建筑设计与营造技术中有许多本就蕴藏的“绿色”内涵，是本地区人民千百年来与严酷的自然条件搏斗的结果，因此居住模式的“原型”包含了“民族传统”与“时代精神”两方面的含义。

如果我们努力发掘顺应自然、利用自然的传统建筑手段的潜能，在建筑群体组合、空间布局、体型选择、立面形式以及内外环境结合等方面做出更为科学、更为精细的设计，那么建筑的地域适应性也许将重新得到凸现。鲍家声教授在《可持续发展与建筑的未来——走进建筑思维的一个新区》一文中就指出：真正找到土生土长的乡土建筑作为一个有机的活性体，在其千百年的生成中是如何适应自然及其变迁而持续发展下来的，就可能找到真正的“根”，而不是“皮”，由此我们可以发现存在于传统乡土建筑中朴素的自然生态的原则，即某些可借鉴的可持续发展的建筑原则。

作为一种体现历史生活方式与技术水平的传统建筑体系，在物质形态的总体上会随着时代的变迁而死亡，但它的审美形式作为一种文化符号与象征却会长久留在当地居民的记忆中。同时，传统建筑文化中观念形态的东西（无论积极的还是消极的），不会因为物质载体的死亡而彻底消失，它的某些方面可以暂时被遗忘，也可以在一定条件下重新复活或以新的面貌出现，不过我们现在关心的是传统建筑文化中（比如传统的建筑观、空间观、环境观、审美观及某些设计理论与手法等）那些积极的、能够超越时空的局限至今仍有生命力的东西，这些内容肯定是独特的，否则难以解释为什么在相同的历史条件下，我们祖先会创造出这样一种与众不同的建筑体系，而不是其他。

因此与乡土的有机结合，一方面要充分尊重地区的文化背景，使其“优秀”的东西能保持下来并发扬光大；另一方面要运用传统的适宜技术与现代科学手段相结合进行创造性的继承与有机更新，克服消极文化的影响，使本地域成为传统文化和当代文明共存的空间。

皮亚诺在 Tjibaou 文化中心的设计中，用木材与不锈钢组合的木肋结构重新诠释了“棚屋”的传统建筑形象，使蕴含于其中的风压通风的技术原型“多层屋顶”与现代材料和体现为“编织”的传统构筑思想结合，转译为地域特征鲜明的现代建筑形态（图 8-1，图 8-2）。而理查德·罗杰斯设计的波尔多法院虽然是一座形式新颖的全新的节能建筑，但却传递着当地的传统文化，其形态的最大特征是以 7 个并列的审判庭和带状办公部分覆盖在一个规整的矩形屋顶之下，比拟人们常见的容器——酒瓶，体现了波尔多享誉世界的酿酒文化（图 8-3）。这种形态的生成是基于阳光间技术、自然通风技术与形态整合的产物。

图 8-1　当地棚屋，后面为 Tjibaou 文化艺术中心❶

图 8-2　建造中的 Tjibaou 文化艺术中心❷

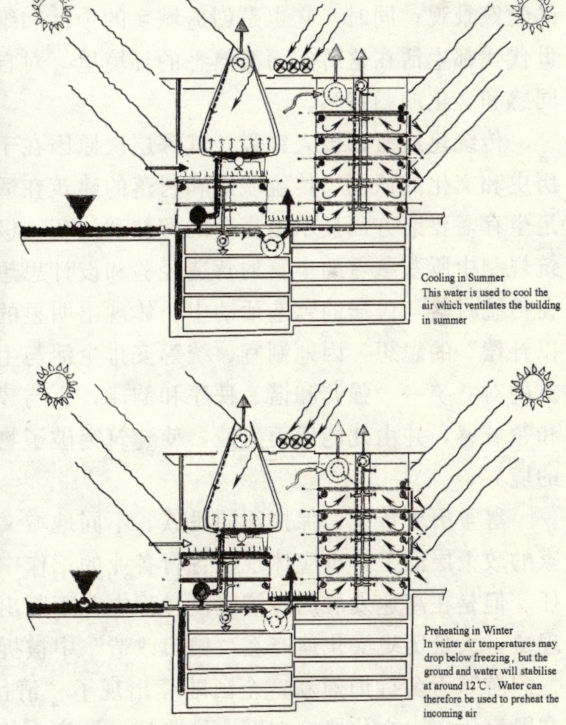

图 8-3　波尔多法院模型与绿色技术使用示意图❸

❶　源自《高技术生态建筑》。

❷　源自《自然之魂木建筑奖 2000》。

❸　源自《可持续设计导引》(日本彰国社)。

因此，在绿色住区综合评价中应考虑是否满足：

所要达到的目标	所能达到的要求				
	9(满足100%)	7(满足80%)	5(满足70%)	3(满足60%)	1(满足50%以下)
(1)较多地保持当地的民俗、民风和生活模式					
(2)注意继承地方传统的施工技术和生产方式					
(3)对传统民居的积极保存和再生，并运用适宜技术使其保持与环境的协调适应					

8.2.2 地域历史景观的保护与继承（D_{29}）

对于地域历史景观，《世界文化和遗产保护公约》指出："任何一项的毁灭或消失都将造成世界各民族遗产之有害的匮乏"，保证传之于后代是"当前和将来文化的丰富与和谐发展的一个源泉"，保持遗产完整、真实地存在是人类可持续发展的必要条件。

事实上，城乡历史建筑及其环境是一种独特的资源，它具有高度的历史、文化、社会、经济价值，表达了当地过去的社会生活及文化艺术的具体综合形象并丰富了现代城乡的建筑景观；同时，它也是创造城乡的个性和维系城乡广大公众的象征形体，由于人们世世代代都生活在这特定而又熟悉的环境里，对自己居住的城乡易于产生一种世代继承的认同感和文化的归宿感。

传统建筑所以被人钟爱，其深层次原因在于它满足了人们对自身的、族群的、民族的历史和文化的认同。传统城镇和村落的建筑在适应地理环境、适应当地风土人情习俗、满足生存需要诸方面显示出高度的智慧和技巧，极富地方特色的格局和多姿的形态，以及建筑规制中所蕴藏着的丰富的营造经验和设计思想，都是我们宝贵的财富。例如，我国各地在传统村落与民居的营造活动中，体现出明显的"顺应自然，为我所用"、"改造自然，加以补偿"的思想，因地制宜、统筹安排生活与生产；在形态上注重建筑环境、空间和造型上的对立统一，强调和谐、秩序和韵律，人与建筑、环境融于一体，产生出强烈的归宿感和领域感，并由此能感而生情，使建筑突破了物质技术乃至功能的范畴，进入人情和心理的境界。

尊重历史传统，保持不同民族、不同地域文化的多样性与历史连续性，不仅体现在国家的政策层面上，也应体现在各行各业的工作中，建筑工作者更负有不可推卸的使命和责任。但是在高速发展的经济建设过程中，不断出现毁弃历史建筑、文化遗迹的令人堪忧的现象，大量历史文化遗产在"城市改造"中被拆除；另一方面，很多地方又以"保护性开发旅游"为名拆旧建新，全国陆续出现了"清代一条街"、"仿唐一条街"等"假古董"。在毁弃历史、文化遗迹方面，最典型、最痛心的莫过于规模恢宏的北京古城墙，在十年浩劫中被弃之如敝屣般地拆毁。我们也看到，特别是近20年来，我国虽在建设上有了飞速的发展，但国内历史名城的真实性和完整性也无一例外地遭到全面破坏，至今我国已没有一个市级以上的城市能以整座城市的名义列入世界遗产。

千百年形成的任何一件历史、文化遗迹的消失，如同亿万年形成的任何一个物种的消失一样，是永远不能在地球上再生的。有学者痛说，以中国之大，历史之久，民族之多，现在已很难找到一座或是能完整代表地域特色、或是能完整反映民族风貌、或是能完整折射历史底蕴的城市，这不能不说是中国近百年战乱加上现代化过程中的破坏性建设所带来的无可挽回的损失。

可持续发展的时间观念、资源循环观念、限度观念、整体观念，对历史建筑保护价值和保护策略都有重要的指导意义。可持续发展强调社会文化的延续性，特别是对后代的责任。历史建筑价值要完整地传给后代，在保证当代人对历史建筑价值诠释和利用的同时，要保护后代人对历史建筑价值诠释和利用的权力。这种观念基于两种认识，首先是对前人创造的文化的尊重和这种文化在当代的无可替代性认识，其次是承认当代人理解和利用历史建筑的不完整性，这种不完整性需要后代人来弥补。当代人有责任将历史建筑完整传给后代，而不将自己的烙印强加于后代，或者剥夺后代人认识和接触历史的权利❶。

从经济学观点看，资源是“资本”，发展是“资本”的积累，而消费是对资本产生的“利润”的消耗。如果将历史建筑作为资本，那么对历史建筑的开发利用应是对历史建筑所带来的“利润”的消耗，而不应是对历史建筑本身“资本”的消耗。换句话说，城市的发展不应以破坏现有资源包括历史建筑的文化资源为代价，对地域历史景观的保护，不是为了它们本身如何，而是为了将其融入今天的城乡生活中去；对地域历史景观的保护，也不应仅仅看作是对过去的回忆或是历史发展的物质表现，而应看作是与现代生活的一种“共同创作”。

专家们指出：只有成片地保护一个“生活圈”，而不是保护其中的一些重点建筑，才能充分而真实地保护古代聚落的文化内涵和完整的生活方式。古今中外的实践表明，只有保护和保存好自然文化遗产原作的真实性和完整性，才能体现出它的科学和历史文化价值，才能源源不断地吸引风景和自然文化的需求者，价值越高，吸引力越大，从而带动区域旅游经济的发展，并促进地方相关产业的发展，这是精神功能与经济功能在空间上的连锁反应。如已被列入国家重点文物保护单位的陕西韩城党家村民居、被联合国命名的世界文化遗产山西平遥古城、云南丽江古城等，由于历史景观的完好保护与继承，不仅为中国的建筑文化保存了一份珍贵无比的遗产，且为当地发展旅游经济带来莫大的收益。以平遥为例，它被列入“世界遗产”后，旅游综合收入超过亿元。

欧洲城市一贯注意对地域历史景观的保护与继承，1990 年的《关于城市环境的绿色文件》，进一步强调了欧洲城市建筑遗产的重要性。市镇和城市中有历史意义的地方，被看作是欧洲与众不同的特征之所在，城市作为一个整体，被看作是欧洲丰富的文化多样性的重要标志。《绿色文件》认为，欧洲特征的独特性在于欧洲与众不同的小镇和城市，将来会采取更有力的措施（可能以法令的形式），以确保在整个欧洲范围内保护城市特征（而不仅仅是单个建筑）方面更大的一致性。

《世界建筑》2000 年第 2 期上介绍了联合国教科文组织 2000 亚太地区文化遗产保护奖评选标准：(1) 理解建筑、建筑群在社会、文化、历史及建筑学方面所具有的特征及其发展变化，使这些特征在保护和修复中继续得以体现；(2) 恰当地使用传统建筑及艺术手法与材料；(3) 项目的保护过程及其最终结果对周围环境所产生的影响，对强化地方历史

❶ 贾倍思：“可持续发展观念对当代建筑思潮的批判——历史建筑与文化名城价值的重估”，《建筑师》，NO. 88。

信息和社区整体发展所做的贡献，在保护过程中，任何新增部分或具有创造性的技术解决方案都应尊重且加强原有建筑、建筑群的空间品质，在评选过程中，将对与保护理念相关的技术连续性、复杂性和敏感性给予特别考虑。

因此，在绿色住区综合评价中应考虑是否满足：

所要达到的目标	所能达到的要求				
	9(满足100%)	7(满足80%)	5(满足70%)	3(满足60%)	1(满足50%以下)
(1)对古建筑的妥善保存					
(2)对传统街区景观的继承与发展					
(3)对拥有历史风貌的地域景观的保护					
(4)对大型遗址的保护纳入当地退耕还林(草)和土地利用规划					

8.2.3 保留居民对原有地段的认知性 (D_{30})

作为人之存在本原的“住”与“地”（Location）是直接对应的，而“地点”往往成为凝固传统与未来时间之链的载体。我们认为建筑构造和造型本身并不是问题的关键，关键在于人对建筑空间的感受，真正能超越时空的建筑中能影响这种感受的因素——建筑空间的体验特征，是作为人对社会集体感和地域归属感的需求而存在的。

地域文化对个体人以及群体人的性格、情操、心理等内在素质的形成起着相当重要的作用。我们每个人从出生之日起，就受到社会文化环境影响。文化作为共同体的主观精神和创造力的历史凝聚与积淀，对每个人都具有施加影响的功能，能够让他们接受共同体的规范及生活方式。由于文化固有的信息网络不断向人们信息辐射与功能辐射，这势必影响着人们心理结构和心理素质以及思维方式、价值观念、行为方式。

《马丘比丘宪章》指出，“不仅要保护和维护好城市的历史遗址和古迹，而且还要继承一般的文化传统”。在国际建联第14次会议的《华沙宣言》中，提出了“一切对塑造社会面貌和民族特征有重大意义的东西，必须保护起来”的口号。因此，在进行城乡规划、设计时，对地域、城镇（村）、邻里三个层面环境要充分理解，特别要照应邻里地段的特征与原有建筑文脉，要研究所在城乡的居民心态、行为及习俗的保护和适应，还要分析、研究城乡文化传统对物质空间形成的影响。当然，这并不意味着新建筑要按旧形式因陈袭旧地进行仿抄、复制、回归，而在于理解和掌握历史建筑的形式特征和文化基因，并以全新的样式去表现它们，给予人们以“似曾相识”之感。同时，通过对城乡历史文脉的研究，对原有旧建筑的母题、构件、片断，按今天人们的价值观和审美观，加以演绎、重组、再诠释、折射到现代新建筑中并配带着历史的信码，促使其形象典型化和具有更深的文化内涵，并通过这些具有社会文化含义的建筑语汇，唤起人们对所在城乡历史的联想。这样做的结果是，规划、设计出来的作品往往会表现了更高层次的文化价值。

北京旧城曾经是中国古代城市规划和设计的杰作，但是现代城市的迅速发展，大量的现代住宅楼尤其是高塔住宅楼，打破了城市原有肌理，破坏了北京的整体空间。吴良镛院士主持设计的北京菊儿胡同新四合院住宅工程，继承了中国传统的院落住宅模式，通过保留原有树木并依次形成庭院空间，一方面适应了现代生活，满足了住户的私密性，另一方面又具有庭院邻里的社会性一面，更接近居民的现实生活。从依据旧城肌理格局的“有机更新”，谋求逐步在一定地区范围内，建立新的“有机秩序”，就建筑学术的理解可以认为菊儿胡同新四合院有“文化内涵”，或有所谓“建筑意”，抓到了具有中国情趣的居住环境特色，该设计为此荣获联合国人居金奖（如图 8-4 所示）。

图 8-4　北京菊儿胡同新四合院住宅院落❶

人类的意识形态与接受尺度源自于生存经验的积累，而生存经验又来自生活经历、所接受的教育、生活习惯等的传承叠加。这注定了一定地域甚至一个民族、一个国家对自身传统与习性的亲切感，也就是一种血脉中的“趋向传统意识”，即有传统文化印记的设计容易感召受众的生存经验，达到接受角度的共鸣。未来的绿色居住社区（地段），将是传统文化和当代文明共存的空间，它应该把现在和过去存在于地段中的一切美好的东西激活。在营造新社区时，如更多地考虑如何保存居民对原有地段的认知性，即保持原有的空间形式特征、地域的自然条件和居住者的生活习俗，便会产生迥然不同的社区形态。

可见，潜藏于社会内部的，对本土文化的认同心理并不因为科学的发达而消失，它存在于社会成员的行为和心理之中，这种无处不在、无时不有的文化认同心理，常常会下意识地表达出来。我们应在对本土的文化认识走向深层的基础上，在设计中更注意与环境的对话、特征与性格的分析，从而进行抽象、组合、变形，在全新的绿色建筑形象中反映出中国各地固有的建筑文化特征，反映出深层次的神韵，尽管“形”可能离原点很远，但走近时却能感到本地传统的空间气氛的存在。

因此，在绿色住区综合评价中应考虑是否满足：

所要达到的目标	所能达到的要求				
	9(满足100%)	7(满足80%)	5(满足70%)	3(满足60%)	1(满足50%以下)
(1)在地域更新中保留一定的特色建筑符号					
(2)尽量保留居民原有出行、交往、生活习惯					

8.3　融入地域（C_{10}）

绿色住区建设要求将时代的社会生活模式与传统的地域性社会生活模式相结合，通过模式进化完成建筑形态进化，从而达到设计具有现代化地域特色住区的理想。新的设计仍应以场所的自然条件及历史人文的积淀为依据，在将传统文化因子进行现代表达的同时，还

❶　源自吴良镛《北京旧城与菊儿胡同》。

要努力培育其面向未来的时代意义，除用以维持场所与自然过程相和谐以及延续传统的文脉外，又能符合社会生活的变迁。传统建筑文化对于今天的建筑创作既是一种“形式资源”，也是一种“思想库存”，如果在现代建筑体系之中能够加以融合，那么对于丰富现代建筑形态将会大有助益。实践证明，从传统中汲取营养是创造地区特色、丰富建筑多样性的有效途径，我们可以通过合理地调适新旧建筑的空间组织，使之既能再现城乡历史的风貌，又能反映现代城乡社会生活方式和生活品质，不但强调传统与现代有机统一的精神，又要强调继承与创新有机协调的观念。当进行建筑组群和单项建筑设计时，应尊重原有城乡街区网络，考虑不同体量建筑之间的协调过渡，建筑与城乡外部空间的联系和渗透，采用地方特征建筑语汇以及综合运用拓扑学、类型学、符号学三种方法等，仔细推敲，尽量赋予建筑物以强烈的地域特征，并通过它来影响、组织周围原有的城乡空间，使之具有某种新的地域特征。

我们要充分揭示环境的地域特征，对自然特性和景观特性进行整合研究。将自然景观作为一种资源加以识别、控制、保护和有计划地开发，自然因素要作为设计的首要的和最经济的要素去研究。人际关系也是一种生态关系，要加强第三空间文化的研究，加强聚居环境的社区交流场所和健康型休憩场所的规划和设计。因此，应使新的设计能充分利用地域原有的景观资源，进一步创造具有地域特色的新景观，并使新旧建筑彼此水乳相融。

本准则包含与城（村）镇轮廓线及街道尺度和谐一致、创造积极的城（村）、镇新景观，以保障绿色住区与地域环境的协调一致。

8.3.1 与城（村）镇轮廓线及街道尺度和谐一致（D_{31}）

建筑必须要纳入城（村）镇整体环境中来考虑，用环境学的理论研究它与周围建筑的关系、自身形象对城（村）镇景观的影响。应充分考虑建筑融入已有或规划中的轮廓线和街道尺度中，住区建筑的组合布局、体形及立面色彩等要与周围特定地形、环境和谐一致。特别是高层建筑，是城（村）镇建筑群和谐而完美的一部分，不应与群体相悖而格格不入，高层建筑立面形式、色彩的选择，要照顾左邻右舍。

在中国的传统设计中，提倡“天人合一”观念，即讲究阴阳相合、主从有序、人工与自然相协调，从而使建筑与环境、群体与个体、主体与配体融会贯通，统一和谐而又气韵生动。

旧城改造中，我们要坚持城市规划结构的继承性发展原则，在保持原有的城市“框架”的基础上，发展各种新生的规划元素。规划元素的发展是迅速的，而规划框架本身的发展是缓慢的。例如，一些早已失去原有意义的城市干道仍旧对城市空间结构的发展起着某种决定作用。在北京的菊儿胡同，吴良镛教授通过庭院式住宅，表达了一种可能性：既容纳一个相对高的人口密度和与已有环境相协调的尺度，又同时给每个家庭提供一小块的室外空间和绿地，且只与他们的近邻分享。这种住宅，从各种意义上讲都建立在胡同的体系上，这种体系确定了北京的许多住宅的布局和尺度。

到目前为止，国内在保护老城的同时又能大力发展地下建筑、地下商业街道的例子还不是很多，也不是很突出，但这是一个可取的发展方向。上海静安寺地区，为了保护静安寺周围的文化气氛、传统风貌，同时又兼顾发展的要求，现在正进一步地发展地下空间，建立地下商业街。该规划设计最大程度地减少了对原有风貌的干扰，在不影响整体风貌的基础上还提供了现代化的休闲空间——下沉广场（图 8-5）。

七层的英国新议会大厦位于位于泰晤士河边的伦敦历史核心区，毗邻著名的折衷式复古主义的著名建筑——英国国会大厦，这是一座保守严谨的19世纪维多利亚风格的政治功能的公共建筑，作为国会大厦的一部分，大笨钟早已成为老伦敦的重要象征，附近著名历史建筑还有威斯敏斯特大教堂，所以这一地区蕴藏着一种充满历史感的庄重氛围。因所在地块位置显要、项目规模巨大，新议会大厦的设计如果能够尊重和体现这一氛围，使独唱成为合唱，必然会将这一场所意义有力地显现出来。

图 8-5　上海静安寺地区的下沉广场

设计者为建筑提供了一套基于热压通风的自然通风技术措施，高高耸立在建筑顶部的导风塔，从建筑顶层引入新风，从而避免将街道上污浊的空气引入室内，避免吸入汽车尾气，空气被风塔的拔风效应加压，通过散气系统均匀地分配到各个房间。为了显现这一场所的历史庄重氛围，热压通风技术原型中的顶部风塔被转译为维多利亚时代工业建筑中的“烟囱”，色调沉稳的太阳能光电模块以较小的尺度和严谨的比例铺设在建筑表面，和原来的国会大厦遥相呼应，在这一场所中，它既不突兀也不沉默，只是静静地显现着这里的场所意义（图 8-6 所示）。

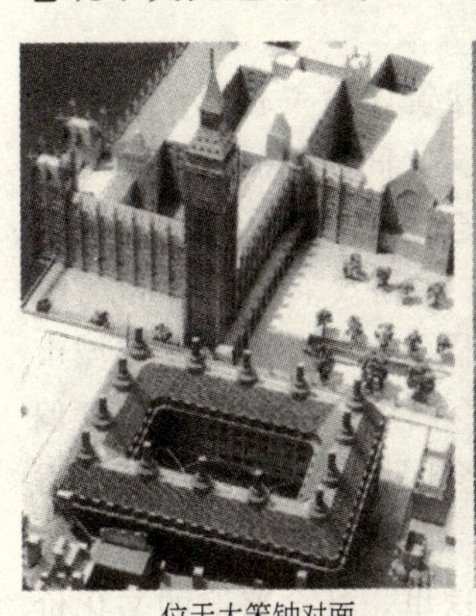
位于大笨钟对面

维多利亚烟囱

作为原有秩序的参与者

图 8-6　英国新议会大厦及其环境示意图❶

因此，在绿色住区综合评价中应考虑是否满足：

所要达到的目标	所能达到的要求				
	9(满足100%)	7(满足80%)	5(满足70%)	3(满足60%)	1(满足50%以下)
(1)充分考虑建筑融入已有或规划中的轮廓线和街道尺度中，住区建筑的组合布局、体形及立面色彩等要与周围特定地形、环境和谐一致					
(2)对于邻近历史景观的建筑，其尺度与色彩不能“压倒”原有文化遗产					

❶ 源自《生态气候建筑学》。

8.3.2 创造积极的城（村）、镇新景观（D_{32}）

建筑是一个文化生态系统，它随着历史的发展而发展，有其新陈代谢的规律。对待传统建筑文化，不但要重视静态的历史文物保护，而且必须重视动态的传统文化更新与发展。因此，应努力寻求传统文化与现代生活方式的结合点，不断探索传统建筑逻辑与现代建筑逻辑、传统技术与现代功能、传统审美意识与现代审美意识的结合方式，把人类优秀的传统文化融汇进现代建筑文化之中。

住宅的建筑风格和室外环境是整个住区最直接形象的外在表现，人们习惯于通过对其外在形象的评价，来感知和判断住区的格调和品质。为了形成优美的外在形象，必须对住区环境进行景观设计。创造的城（村）、镇新景观应是当地地域的内在历史底蕴和外在特征的综合表现，即将该地域的历史传统、地区标志、文化底蕴、居民风范、生态环境等要素塑造成可以感受的形象，体现出传统美、地域美和时代美的结合。

创造积极的城（村）、镇新景观不仅要研究空间的视觉表现，而且要研究其对改善生活质量的作用；不仅要研究环境美学，而且要研究环境工学；不仅要研究景观形态，而且要研究景观生态。为此，必须转变工业文明下形成的设计理念、思维，使自然环境和人为环境沿着协调发展的方向演变；重新认识自然形态的形式美感，充分揭示环境的地域特征，对自然特性和景观特性进行整合研究，将自然景观作为一种资源加以识别、控制、保护和有计划的开发。

英国建筑师彼德·戴维在参加了 UIO 第 20 次大会后所写的建筑评论“北京：世界建筑的中心”一文中说：持续发展的传统模式与恣意妄想的现代主义之间的矛盾，造就了现代北京特殊的城市景象。在今天的北京，规整的方形地块上到处充斥着各种形式的多层塔楼和板楼，包括公寓、办公、旅馆、政府机构等。它们既没有在视觉效果上取得和谐统一，也没有像纽约、悉尼和新加坡等资本主义城市那样，通过另样的宏伟壮丽来获取城市景象的诗情画意。现在看来，北京要取得这样的效果还缺乏很多条件：一方面建设密度偏低，另一方面建筑的质量和形式也差强人意，粗制滥造的建筑不会因为“亭子帽”而变得富丽堂皇，或者增加了中国韵味。新建的建筑和公路使北京沦为 20 世纪 60 年代美国和俄罗斯理想城市的拙劣赝品。虽然它没有经历模式转换的痛楚（在这里，社会普遍的文化价值观念有了新的飞跃，更加富有创造性，也更加趋于统一），但却不得不面对模式断裂带来的困惑，个中原因就是那些令人乏味、毫无根据的理想模式在作祟。

人的求新、求变、求异是人类的本性反映，建筑文化与其他类别文化的不同，就在于它更多地体现个性追求和创新意识。人类进入 21 世纪，对多元文化给予了更大的宽容度，在提倡建筑文化的多元性的同时，中国建筑设计界更需鼓励创新，批评抄袭性的重复，张扬个性，避免雷同。19 世纪末、20 世纪初俄国文艺理论家什克洛斯基首次提出“陌生化”（defamiliarazation）这一重要概念，他认为人们对艺术的欣赏是靠直觉的感受，太司空见惯、太熟悉毫无新鲜感的事物，如步行，或一般住区中排排房之间的路径和土地，就会“越过感受”直接进入认知。“陌生化”要求使人们摆脱感受上的惯常化，以惊奇的眼光和诗意的感觉去看待事物，于是原来毫无新鲜感的东西，就变得焕然一新，鲜明可感了。“陌生化”的原理对建筑创作思路来说不无启发，值得进一步深思，但是莫忘所追求的目标还是使建筑具有文化内涵和高品位的美感得以长期留存在人们记忆中。

在创造积极的城（村）、镇新景观中，可识别景观的创造是最要强调的，其具体手法有：(1) 在关键地段放置标志性很强的图像，如广场、喷泉等；(2) 通过路面铺装的色彩和材质的变化，对空间领域加以划分；(3) 在设计中运用重复造型手段来增加可识别性，在街道小品的形状、色彩、质感方面选择一定的构图母题，使其多次重复出现，强化其信息刺激；(4) 提供一套完整的、有层次的标识系统来增加可识别性。

上海新天地广场位于紧邻中共一大会址的原法租界的石库门里弄建筑区，项目开发目的为建设新的商业、餐饮、娱乐空间。改造中建设者和设计师们延续了旧城原有的人们认知的空间形态，发掘了上海极富地域特色的石库门里弄建筑文化。在组织新的商业活动空间及重新进行室内装饰时，都兼承了统一的设计概念和整体规划思路，采用了新老建筑对话、中西方建筑文化结合手法，激发旧建筑环境新的社会活力。南部以现代建筑为主，石库门旧建筑为辅；北部地块以保留石库门旧建筑为主，新旧对话，交相辉映。更难得可贵的是在上海市中心寸土寸金的地段，在新天地广场一侧，大面积改造为绿岛中心湖泊，既维护了城市环境生态，又提升了环境整体质量。上海新天地改写了石库门的历史，对本已走向历史文物的石库门注入了新的生命力。如今新天地已被公认为中外游客领略上海历史文化和现代生活形态的最佳去处之一，也是具文化品味的本地市民和外籍人士的聚会场所（图 8-7，图 8-8）。

图 8-7　新老石库门对比

图 8-8　新天地室内外对比

美国洛杉矶加州大学安德森工商管理研究生院原建于 1935 年。1994 年在老校园内建立新校舍，在总体设计中把建筑与环境的结合放在了重要的位置上，巧妙地运用轴线控制建筑物的几何形体，并以此建立起了新建筑与原有环境的关系。同时，为了加强新老建筑的对话，在建筑形式上，也花费了一番心思。例如，为了与毗邻的老校舍那罗马式的礼堂、图书馆等建筑保持协调，新校舍也采用了与老校舍相同的红砖作饰面，红砖饰面用横向的灰白色线条加以分割，分布在楼层之间的线条有宽有窄，使人联想起罗马式建筑的檐口。然而，那规整且挺拔的棱棱角角，简洁而明快的线条，通长的玻璃窗，大面积的玻璃幕墙等，却又使人分明嗅到了现代的气息，这个自成一体、成为老校舍中的“园中之园”创造的新景观，使人恍若来到一座大花园而留连忘返（如图 8-9，图 8-10 所示）。

著名建筑师贝聿铭先生在谈到华盛顿美术馆东馆设计时曾说过：“我们希望一个属于我们时代的建筑，另一方面，我们也希望一个可以成为另一个时代建筑物好邻居的建筑物”。在哈尔滨沿江街区的规划中，就考虑在总体上对新旧建筑加以控制和调度，整体呼

图 8-9　洛杉矶加州大学安德森工商管理研究生院新校舍一角❶

图 8-10　洛杉矶加州大学安德森工商管理研究生院新校舍与老校舍❶

应关联，将新旧区域的交织部分作为过渡区和进行调节。如尚志大街的调谐作用，正是用体量的接近、视觉的连续、形式的抽象等手段使新旧建筑流畅过渡，浑然一体，由此既尊重了历史，又创建了积极的新景观。

因此，在绿色住区综合评价中应考虑是否满足：

所要达到的目标	所能达到的要求				
	9(满足100%)	7(满足80%)	5(满足70%)	3(满足60%)	1(满足50%以下)
(1)通过与城(村)、镇肌理的融合，对风景、地景、水景的继承					
(2)通过适宜技术和现代技术相结合创造新景观，体现传统美、地域美和时代美的结合，并保持景观资源的共享化					

8.4　活化地域（C_{11}）

绿色住区设计是人与自然合作、也是人与人合作的过程，因为每个人都在不断地对其生活和未来做出决策，而这些也都将直接地影响自己及其他人共同的未来，每个人的日常行为都将对整个住区自然和人文环境的健康发展有着深刻的影响。因此，每个人的决策选择也都应成为绿色住区设计的内容，这就意味着设计必须走向大众、走向社会，融大众的知识于设计之中，同时使自己的绿色设计理念和目标为大众所接受，从而成为人人的设计

❶ 源自“建筑与环境的对话——评美国加州大学安德森学院”，《建筑学报》，1999（2）。

和人人的行为。

另外，人的全面发展除了受教育的程度之外，还包括人的生活状态和社会化的程度。而人的生活状态如何必然表现在一定的区域，人的社会化也必然以一定空间为中介，这种空间就构成社会学意义上的社区。以社区为载体开展精神文明的基础工程建设，便可营造一个个科学文明、安定和谐的小环境，陶冶人的性情，培育人的文明秉性，满足人的个性发展要求，培养人的创造力。社区环境所创造的物质空间只是表象，所形成的心理空间是其本质。在设计时，应结合环境心理学综合考虑居民对其生理、安全、交往与自我实现等方面的要求。现代化的生活条件在拉近邻里居民时空距离的同时，却疏远了人们的心理距离。面对当前居民思想、价值观念的快速转变及社区中居民邻里间交往活动的"衰退"现象，作为建筑师应该思考的是如何有效地建构利于促进"邻里交往"的"社区环境"。因此，绿色住区必须重视向地域开敞，创造家居以外的"共融空间"，让公共领域和私有领域在这里相互渗透、交融，成为邻里交往的环境依托，为创造有着良好的精神文明氛围的社区提供物质基础。

本准则包括居民参与和建筑面向城（村）镇充分开敞两个指标。

8.4.1 居民参与（D_{33}）

建筑是人类在适应和改造自然的过程中所创造的便于人们居住的处所和生产、生活的人工空间。建筑体系的形成和发展始终受自然条件、社会经济条件和文化艺术观念的影响和制约。建筑大师赖特认为，"有多少种类型的人，就应该有多少种类型的房子"，即建筑师要承认住户需求的多样化，并尽力去满足这种需求。我们设计和研究绿色建筑体系，必须适应当地的自然条件，必须与当地的社会经济发展水平相一致，同时还需要考虑当地的广大群众的价值取向、审美观念、生活习惯等因素，否则就很难被当地的广大群众所认同、所推广。

现代工业文明在创造自己辉煌的同时，也剥夺了现代人的自决性、创造力和责任感这样一些人类的主体性特质，人甚至沦为大机器生产的异化物。但在 20 世纪最后的 10 年，由于全球生产过剩的趋势、产品形成的决定权转移给消费者的趋势以及"数字化革命"的飞速发展，大规模生产可能被大规模定制（Mass Customizatio）所取代，层次组织可能被网络组织和动态协作所取代。消费者可以与多个生产者（例如，房地产开发商）对话，也就迫使生产者不断与顾客进行一对一的对话，确切了解他们的爱好并做出反应，大规模定制由此而产生，它是生产者把商品和服务的生产链条末端交到消费者手中，充分发挥消费者个人化的想像力、判断力和创造力，从而使消费者达到满意的方式。这就可彻底改变以往温饱时代千城一面、人们被迫入住自己并不喜爱甚至厌恶的建筑环境中的被动局面。

《马丘比丘宪章》倡导："在建筑领域中，用户的参与更为重要、更为具体。人们必须参与设计的全过程，要使用户成为建筑师工作整体中的一部分"。一般认为，人们是以他们对环境的理解来对环境做出反应的，而环境的意义常常通过个人化得到实现。环境的归属感是将简单的空间转化为积极场所的基本条件，是居民对环境做出积极反应的重要因素，而且，它所归属的对象越具体，场所的积极意义越明显。人们都希望能够控制和按自己的意念来塑造自己周围的居住环境，达到自我实现的目的。所以要充分尊重居住者参与设计的意愿，考虑主人的年龄、职业、文化程度、收入水平、艺术修养、价值观念、审美心态、阅历习惯、社会交往等特征而异，以展示其特有的个性风格，而居民也能借以参与的互动经验而有机会省思居住的意义以及与外在环境的共生关系，进而对所存在的大环境产生认同及关照。实践证明，强调居民对形成自己所处的环境——包括建筑与街区的设计与更新参与的权利与义务，将居民看作是一种具有成本效益的资源，对人居环境的持续性发展有决定性的意义。居民的参与，不仅有可能创造出比建筑师独自设计更为丰富的和合乎人性的建筑环境，而且参与设计的经历能促使公众增加主人公感，从而产生更稳定和自我满足的社区环境。

社会学家特纳指出："一旦居民掌握了主要的决策权并已可以自由地对住房的设计、营造维护与管理等程序以及生活环境做出贡献时，则激发了个体和社会全体的潜能。相反地，如果人民对居住过程的关键决策缺乏控制力与责任感，则居住环境可能变成个人价值实现的阻碍和经济上的负担。"

《北京宪章》在"从传统建筑学走向广义建筑学"一章中提出了"全社会的建筑学"的概念，不仅提出建筑师要参与人居环境建设的所有层次的决策，而且提出应让社会（政府和公众）更多地参与整个建筑设计过程，这种双向的全面参与无疑将成为本世纪人居环境建设的基本设计模式。为此应建立完善的公众环境教育机制，激发居民环境意识；创造良好的社会调查与反馈手段，反映使用者的个体需求；建立有效的专业技术咨询和服务机构；公开展示各个层次的城市规划与建筑设计方案；放弃一次性方案，代之以持续的阶段性设计和定期的检查修改；使用互联网、模型、幻灯片等帮助公众了解设计过程等等。

周畅先生在《对地方传统建筑文化的再认识》一文中认为：在我们热衷于探讨建筑文化时，切不可忘记传统建筑文化的真正缔造者——人民群众。任何一个地区、一个民族的传统文化都是生活在这里的人民群众在千百年的生产生活中加以创造、并不断完善的。他们对传统建筑文化最有发言权，而建筑师仅仅是传统文化的发现者，多数建筑师由于没有真正的生活体验，充其量也只是设计出一两个所谓具有地方建筑文化特色的建筑。建筑师们往往陶醉在自己设计的个体建筑中不能自拔，但对于大量急需改造的传统建筑，面对一片片因生活的改善而正在丢失的传统文化，建筑师爱莫能助。要使不同地区的传统文化得以保护和发展，除建筑师的参与和引导之外，还要靠当地的能工巧匠予以实现。有文化、懂传统的能工巧匠可以将传统文化加以保留，甚至发扬光大；没有文化、不懂传统的民间匠人则可能将传统文化丢失殆尽。因此，建筑师不要只停留在口头上研究传统建筑文化，还要深入到民间，引导民间匠人对传统文化加以保护和发扬。建筑师只有置身于这一地区，与当地的居民生活在一起，才能挖掘出建筑形式之外的建筑文化内涵。在民间，我们也可以向能工巧匠学习民间建筑中的精华，充实和完善建筑师的思维❶。

在中国的广大村镇地区，居民参与的可能性比城市更有可能，并且更具可操作性。通过作者在枣园绿色住区示范村新窑的调查可以看出，几乎每一家都根据自己的需要对空间的划分做了调整，显示了其积极的一面。新建的安徽歙县新扬村，整个村庄建筑依山就势，高低错落，既完整地保留了皖南民居粉墙黛瓦、端庄秀丽的传统风貌，从规划上又让出了耕地，成为新村建设的一个样板，这里充分体现了劳动人民智慧的凝聚。而在德国弗莱堡生态建筑实验基地，经用户参与设计的住区，建筑的个性十分强烈，但总体上又很协调统一，可以感觉到公众与建筑师的积极性得到了充分的整合。

因此，在绿色住区综合评价中应考虑是否满足：

---

❶ 周畅："对地方传统建筑文化的再认识"，《建筑学报》，2000（1）。

所要达到的目标	所能达到的要求				
	9(满足100%)	7(满足80%)	5(满足70%)	3(满足60%)	1(满足50%以下)
(1)居民普遍参与建筑设计与街区更新方案的选择，设计过程与居民充分对话，此为保持地域的恒久魅力与活力的重要前提之一					
(2)居民参与建筑设计与社区规划的主动性与热情高涨					

8.4.2 建筑面向城（村）镇充分开敞（D_{34}）

马克思说："只有在社会中，自然界对人来说才是人与人联系的纽带，才是他为别人的存在和别人为他的存在，才是人的现实的生活要素（《马克思恩格斯全集》第42卷，第122页）。"就是说，人的一切活动，都只能在社会的物质、精神生活关系以及政治、思想关系中进行。人只有投入到社会关系（当然包括人际关系）中，并使自己一定程度地社会化，才能积极地展开他的生命活动。然而工业化发展模式发展的结果，一方面使人的精神焦虑加重，生存难题凸现，另一方面人们相互交流的耐心和机会越来越少，社会生活中冷漠和功利型的人际关系在一定程度上阻碍了人们对社会生活的积极投入，中断了人与人、人与社会之间的良性互动关系，于是，道德上的漠不关心及麻木心理、封闭感和失落感等渐渐产生。

现代城市居民大都生活在高高的楼房中，人们的共享空间极为有限，人们的心理往往十分疲惫，但却苦于没有一个放松的场所和能够交流的机会，以至于住在一起好多年的邻居竟没打过一次招呼的情形比比皆是。社会学家分析指出，出现"近在咫尺不相识"的现状，一是因为人们住房的改变，原来是弄堂胡同，一开门就可以见到邻居，而如今是独门独户，邻居难得见一面，原来是单位分房，邻居就是同事，如今都是商品房，天南地北谁也不认识谁；二是因为现代人竞争压力大，人们无暇关注别人，邻里亲情关系渐渐淡漠；三是因为人们观念的改变，现代人的隐私观念和独立意识不断加强，如今的邻里关系，实际上是居住条件改变下的一种新的人际关系，心理上的不适应，使邻里关系烦恼多、愉快少，大楼像个中药柜。这就要求在住区的建设中能够改进这一点，安排一些休息、锻炼的空间来（见图8-11）。

图8-11 某公共交往空间使用示意图[1]

---

[1] 源自《绿地景观设计》。

人与人之间生活在融洽、祥和之中是我们中华民族传统的概念。人们的互敬、互爱、互助自古以来都被传为佳话。民间流传的“远亲不如近邻”，“一个好汉三个帮”就反映了这个特征；现已逐渐消失的北京的四合院、上海的里弄等至今还被人们怀恋，也是这个原因。“人情”是指中国社会中人与人应该如何相处的社会规范在住区环境的构成，人情观念的形成和深度常和建筑的尺度、人数的多少、交往点的形成等方面密切相关。住区应是一个物质生活与精神生活的复合体，是体现人们思想、感情及价值观念的有形工具，在公共的交往空间，有一种温馨的向心的吸引力，能够自觉不自觉地引导人们随时来到这个空间。同时在空间构成的范畴里，不仅要体现保障对空间环境的要求，还要能够表达出群体对空间环境的渴望。在绿色住区的营造中，我们寻求的是那种既有安全感又多样化的空间，这种空间有凝聚力、吸引力和感染力，动静相宜，是一种复合的有生气的积极空间。

我国著名社会学家费孝通以“社会结构”的功能来看待中国人的社会圈子现象，他认为我们社会中最重要的亲属关系属于丢石头形成的同心圆波纹的性质。人是社会的人，丢石头形成的同心圆是大社会套小社会，大“空间”套小“空间”，最后形成社区以至社会。“套”不是简单的叠加，它是按照一定的规律和相互之间的运动而形成的社会圈，这种运动是一种人情的交换，表现在住区中，它是空间之间的相互渗透。这种渗透是由于人情的发展而产生的友谊，通过人的互相帮助和实践，使人情得到升华，使住区形成一种不可分割的整体。进一步看，一个具有凝聚力、发展良好的住区，就更能成为一个促进社会稳定的细胞单位。

住区环境的营造、空间的设计不只是物质空间，而应当是让人们置身其中体会“生命价值”和空间“使用价值”的人性空间。“为了拥有一个可持续发展的社区而设计”，这是第 18 届国际建协大会的倡导，也是 21 世纪社区整体营造的目标。只要我们共同努力，我们将会发现我们身处的城市与社区不再只是孤立的客体物质（ISOLATED OBJECTS），而正是生命本身。

每一个生活在住区中的人都会对这一区域产生各自特有的环境感受，也就是个人对这一场所产生的情境，从群体来看，这种情境会转变为一种对住区环境共有的认同感。因此，住区环境的构成应有其场所性，简单说，应有其个性特征，进而充当住区交往圈形成的基础。从住区人群的社会交往来看，其交往方式与内容是极其丰富多样的，既有住区中人的交往，又有住区中不同团体的交往等。这就要求住区空间构成具有一定关联性，以促成个体与个体、个体与群体、群体与群体之间相互的作用。这样一种范围广泛、内容丰富、层次复杂的关联，必须建立在一定的规则之上，否则其互动作用必将形成一种混乱的局面。因此，住区空间的构成应符合住区中人们各种活动的整体规律，以促成住区交往活动圈的全面协调发展，这就是住区环境构成的整体性。

居住环境的营造是以下两个方面共同作用的结果：一是软件方面，即住区的物业管理水准，“一个小区有完善的服务设施和人性化的服务方式，有安全感的环境，可以弥补很多其他方面的不足”；二是硬件方面，即是“建筑师应该探索的适合人的居住心理要求的居住环境的营造”。在对小区居民的社区归属感进行调查的过程中，我们能清晰地感受到这两方面的重要性与不同意义。

作为设计者，我们更应关注的是如何营造适宜的外部空间物质环境，以诱导人们通过交往逐步建立邻里意识，强化一种住区的归属感。正如我们从调查中得到的结论一样，我们可以通过在住区中设置满足人们需要的文化娱乐设施，安排有趣味的步行空间，增加人们接触与交往的机会；通过合理的布局和统一的规划，实现住区与社会交流便利性的最大化，满足人们对便捷性的要求；通过对不同人们的生活模式与行为特点的仔细分析，确立满足特定区域与居住群体需求的社区模式，在规划的初期就使我们的硬件环境具有一定的针对性，为更好地发挥软件的作用确立良好的基础。

亚历山大在《建筑模式语言》中指出，居民们相互熟悉、便于交往的户数为 8～12 户，并且在其间共同拥有一块公共用地，居民才会感到舒适。现实生活中的经验也证实了这一点，如一幢 6 层的单元楼里的 12 户人家，彼此是熟悉的，而交往范围最多延伸到左右两侧的单元，即 36 户，再扩大到 50～100 户时，邻里间就难于相识了，而组团中心也往往难以起到所设想的邻里间的凝聚作用。宜兴市高塍镇小康住宅区设置了组团以下更小的单位——称之为“交往单元”（图 8-12），再由若干“交往单元”构成组团，这样就可兼顾社区管理和居民的交往活动有效实现。组团绿地分散到“交往单元”中，作为为住户共有的、宜于活动的室外空间。各种围合的、半围合的空间围绕着中心绿地，领属明确，可以经常发生交往活动和经营行为，使邻里之间共通共融，为创建社区精神文明提供了物质条件。该处“交往单元”的规模在多层住宅群中最小为 18 户，最大为 54 户，低层则为 6～18 户。

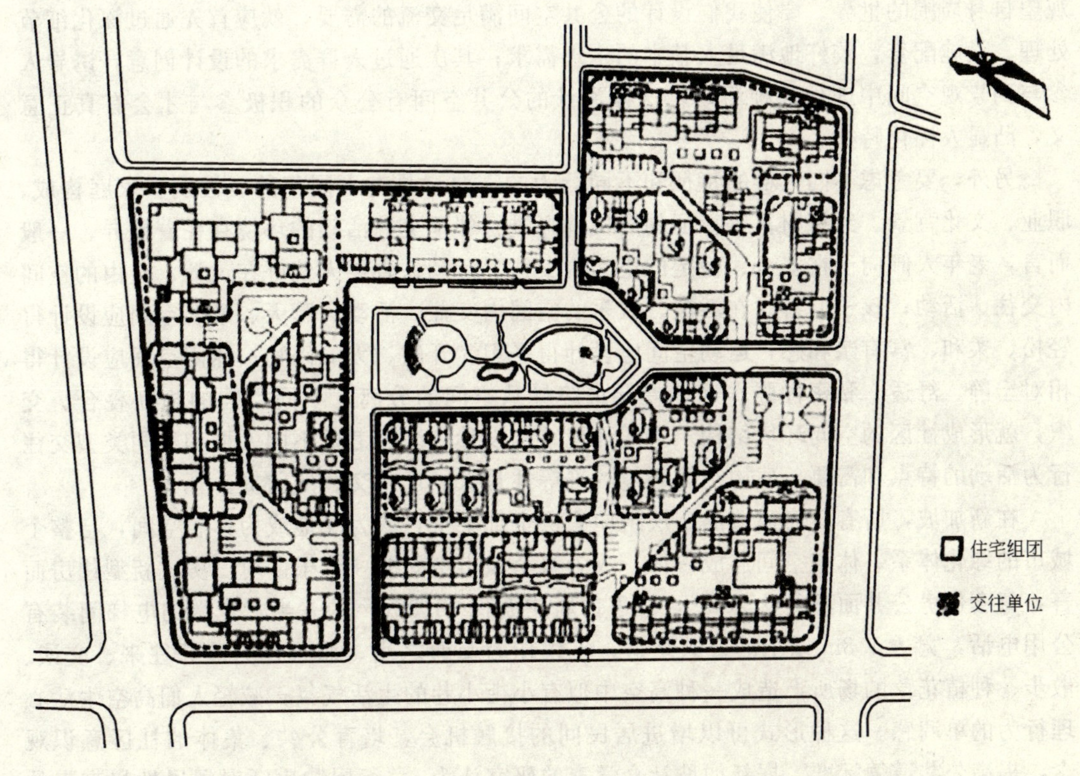

图 8-12　宜兴高塍镇小康住宅区交往单元示意图[1]

[1] 源自《中国小康住宅示范工程集萃》。

图 8-13　北京菊儿胡同新四合院群体❶

北京菊儿胡同新四合院住宅吸取了北京传统四合院和南方大宅第多进院落的构成模式，以一定数量的居住单元围合成若干基本院落和跨院，用通道把各进院落组织起来，形成灵活多变的院落群（图 8-13）。这些院落既保证了各户的私密性，又创造了符合日照、通风卫生条件的适宜环境。这种半私密性的院落，成为有限居住户的室外起居空间，为邻里交往、传递信息、沟通感情提供了场所。通过院外道路连接而成的鱼骨式交通空间构成了新街坊的里巷体系，它“具有合院住宅社区的邻里情谊，以适应今天生活的需要，而又不像行列式公寓那样崖岸不亲，格格不入”。

居民是社区的真正主人，社区的规划设计应坚持“以人为本”的原则，人性最本质的特征是随机性、自由性和灵活性。随着人们对空间文化性的理解越来越深，一种与社会相通的交流以及活跃的新型生活形态已涌入住区内部。因此，我们所设置的环境应为居民提供两种交流的机会，一是直接交流，即与大家一起参与游戏和活动；二是间接性交流，即观望自身周围的世界。要使我们设计的公共空间满足交流的需要，就应首先通过深化细节处理、设施配套，较好地满足人基本的生理需求；其次通过人群需求的设计创意，诱导人参与到景观空间中进行各种活动，这样设计的公共空间有公众的积极参与才会有真正意义，凸显人性化特征。

另外，要考虑不同人群的特征和不同行为的需要。具有不同年龄、性别、家庭构成、职业、文化背景、经济财富等特征的居民选择进行邻里交往活动的环境存在着差异。一般而言，老年人倾向于在安全、稳定的空间内交往、活动；青年人偏好在灵活、自由的空间内交往、活动；孩子们喜欢在活泼、欢乐的空间内交往、活动。聊天、攀谈空间应设计得轻松、柔和、富有亲和感；运动空间应设计得平坦、开敞、无障碍物；休闲空间应设计得相对宁静、舒适、私密性强。这些差异最终导致空间的分离，不同空间的相互叠合、交织，就形成社区的空间环境结构。空间环境结构设计应综合考虑不同人群和不同类型交往行为活动的特点和需要，建构空间环境的平等性是人们正常交往的前提。

在新加坡，所有政府建造的高层组屋底层全部架空，或为绿地或为休憩空间，与整个城市的绿化体系、休憩空间连成一体，成为整个城市空间的一分子。对三房式新型住房而言，每套住房公共面积高达 $20m^2$，几乎占居住面积 $38.96m^2$ 的一半，宽敞的电梯间装有公用电话，宽达 1.8m 以上的公共走道，不仅作为交通之用，而且作为睦邻往来、交谈、散步、种植花草的场所，造成一种高空中似有小街小巷的生活气氛，减轻人们高空生活心理行为的单调感。这种形式可以增进居民间的接触机会，培育公共、集体的社区意识观念，提高公共道德标准。据新加坡社会学家的研究认为：“组屋”生活对居民性格带来的良好影响是巨大的，它“润物细无声”地使住区内人的性格变得笃实与稳健。

---

❶ 源自吴良镛《北京旧城与菊儿胡同》。

因此，在绿色住区综合评价中应考虑是否满足：

所要达到的目标	所能达到的要求				
	9(满足100%)	7(满足80%)	5(满足70%)	3(满足60%)	1(满足50%以下)
(1)通过住区统一的布局规划，创造地域新的可交往空间，使住户共有的、宜于活动的室外空间较为丰富，邻里意识和社区的归属感得到强化，精神文明建设活动开展活跃					
(2)高层组屋设计中，居民交流空间较为丰富，减轻人们高空生活心理行为的单调感					

9 绿色住区综合评价软件包的研制与应用

9.1 绿色住区综合评价软件包的内容

本软件包原专为国家自然科学基金委员会“九五”重点资助项目“黄土高原绿色建筑体系与基本聚居单位模式研究”中的子项目“绿色住区综合评价的研究”课题而开发研制，软件的开发研制受到长安大学信息学院刘士铎教授的大力支持与指导，并帮助解决了综合评价算法的选择与数学模型的建立等关键问题，使本软件包得以顺利完成。

本软件包包含下列程序：

(1) 层次分析法（AHP）程序（用“和积法”编制）；

(2) 求组合权重程序（和层次分析法配合）；

(3) 绿色住区动态聚类分析程序；

(4) 绿色住区综合评价程序（本课题主体程序，即改进的 TOPSIS 方法）；

(5) 绿色住区方案模糊评价程序。

本软件在 WINDOWS 操作系统下开发，预先编译完毕，无需进入编程语言环境。在制作有关数据文件（可使用任何文字编辑工具编制，在文件路径名中，后缀必须使用“.DAT”）后，人机对话全部通过“窗体”进行，界面十分友好。

以上 5 个程序均可通过窗体中的菜单任意选用（本软件荣获中国基本建设优化研究会计算机应用技术学术委员会“2001 年度优秀学术成果一等奖”）。

9.2 软件使用举例及界面操作步骤

我们使用绿色住区综合评价程序上机运算，其步骤如下：

(1) 输入用户名和密码（可由用户在安装本软件后自己定义）后，即可进行“登陆”，如图 9-1 所示，确认“登陆”成功后，在界面左上角的“功能选择”下拉式菜单中选用“绿色住区综合评价”项，则界面如图 9-2 所示。

(2) 根据本例，应选择图 9-2 界面中的“方案比选”项。

(3) 选定后，则屏幕出来的界面如图 9-3 所示。

(4) 根据本例，对于界面中的“方案数”项，应输入：2；对于界面中的“评价指标”项，应输入：34。然后选择“下一步”，则屏幕出来的界面如图 9-4 所示。

(5) 对于“选择相应数据文件路径”，可通过“浏览”，寻找到预先保存在某个硬盘或软盘中的数据文件，然后选择“下一步”，则屏幕出来的界面如图 9-5 所示。

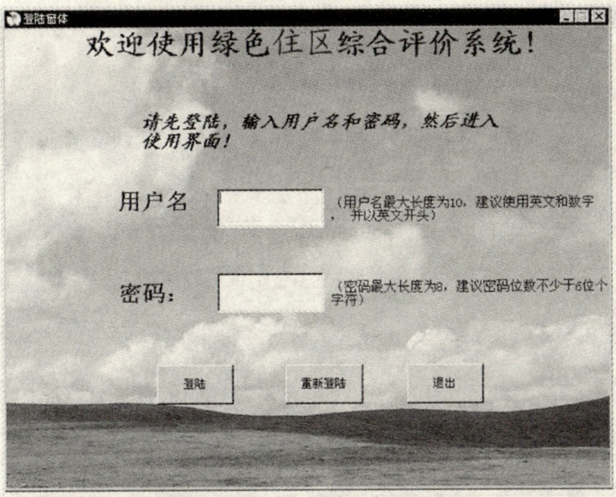

登陆窗体
欢迎使用绿色住区综合评价系统！
请先登陆，输入用户名和密码，然后进入使用界面！
用户名
（用户名最大长度为10，建议使用英文和数字，并以英文开头）
密码：
（密码最大长度为8，建议密码位数不少于6位个字符）
登陆
重新登陆
退出

图 9-1　进入软件包主要界面示例图

绿色住区综合评价-功能选择界面
绿色住区综合评价
综合评价
方案比选
返回上一步

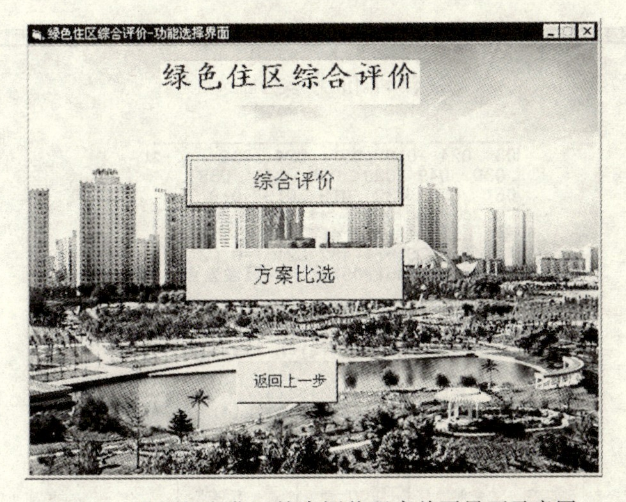

图 9-2　进入绿色住区综合评价程序首页界面示意图

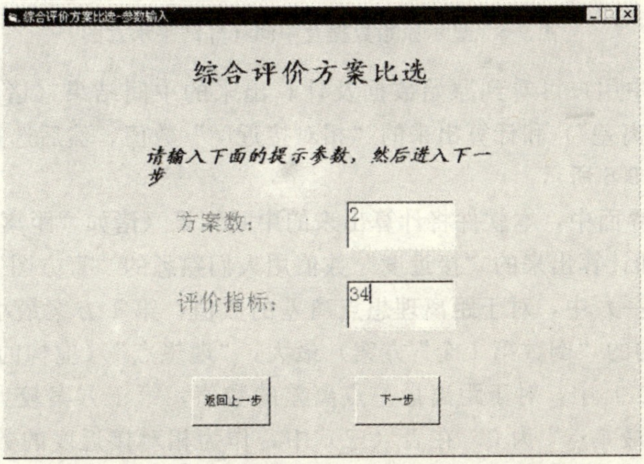

综合评价方案比选-参数输入
综合评价方案比选
请输入下面的提示参数，然后进入下一步
方案数：
2
评价指标：
34
返回上一步
下一步

图 9-3　提示输入方案比选的方案数、指标数示意图

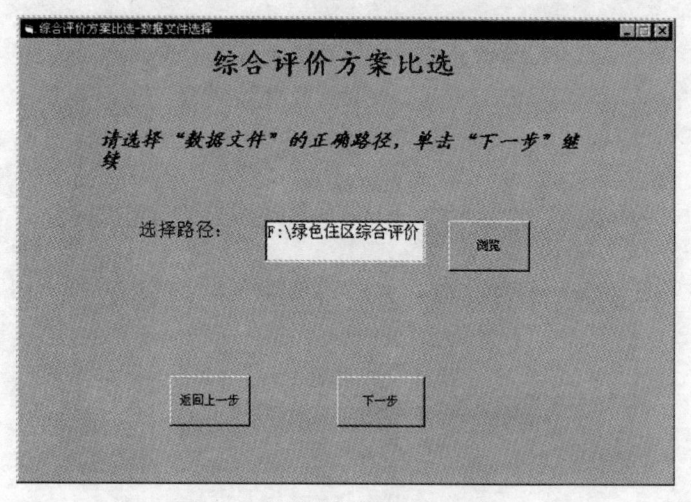

图 9-4　选择数据文件路径示意图

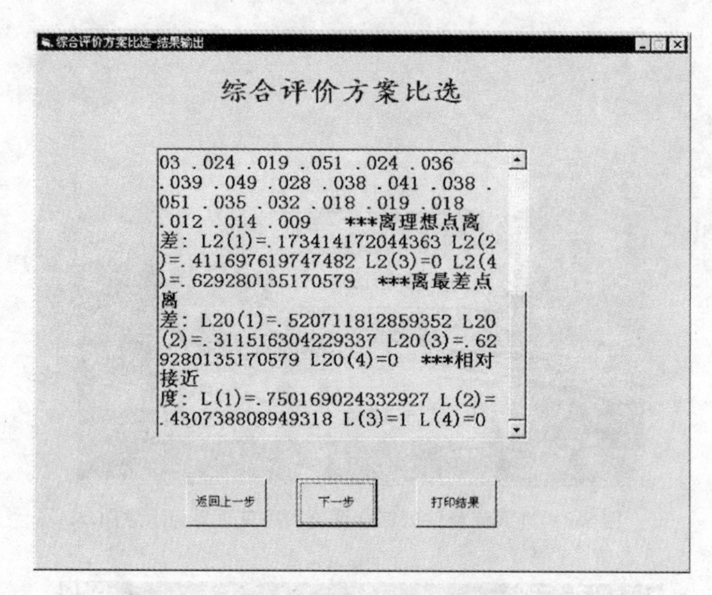

图 9-5　显示原始数据及中间计算结果示意图

(6) 在图 9-5 中用户可看到原始数据及计算出来的中间结果（诸如"距离理想点离差"、"距离最差点离差"）和计算出来的"相对接近度"数值。然后选择"下一步"，则屏幕出来的界面如图 9-6 所示。

(7) 在图 9-6 界面中，本软件将计算出来的中间结果（诸如"距离理想点离差"、"距离最差点离差"）和计算出来的"接近度"数值用人们熟悉的"直方图"直观地表达出来。根据本例，在表（一）中，对于距离理想点离差的数值，第 1 方案最小，第 2 方案次之，而"最差点"（虚构的"倒数第 1 个"方案）最大，"理想点"（虚构的"倒数第 2 个"方案）为 0。在表（二）中，对于距离最差点离差的数值，第 1 方案较大，第 2 方案次之，"理想点"最大，"最差点"为 0。在表（三）中，作为相对接近度的数值，"理想点"最大，其值为 1，第 1 方案的值接近 0.8，而第 2 方案的值则刚超过 0.4 不多，当然，"最差点"的值为 0。然后选择"下一步"，则屏幕出来的界面如图 9-7 所示。

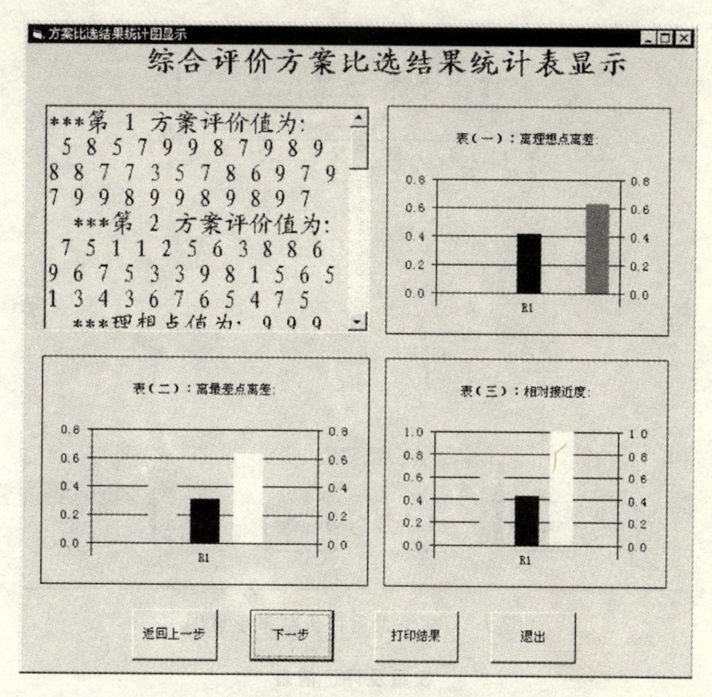

图 9-6　用“直方图”显示计算结果示意图

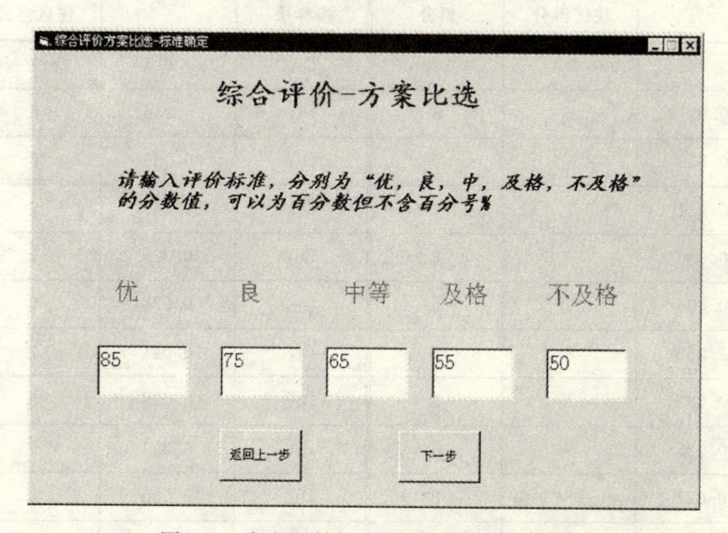

图 9-7　定义及输入五级评分标准示意图

(8) 在图 9-7 界面中，可根据实际情况定义“优”、“良”、“中”、“及格”、“不及格”的 5 级评分标准，在本例中，将它们分别定义为 85 分，75 分，65 分，55 分和 55 分以下，然后选择“下一步”，则屏幕出来的界面如图 9-8 所示。

(9) 在图 9-8 界面中，用户可看到本例最后评价结果：第 1 方案为“良”，第 2 方案为“不及格”。最后结论：第 1 方案相对最优。

我们以延安市枣园村示范新住区和老住区为比较对象，对其进行了方案比选，以显示其绿色程度。以下为专家打分结果：

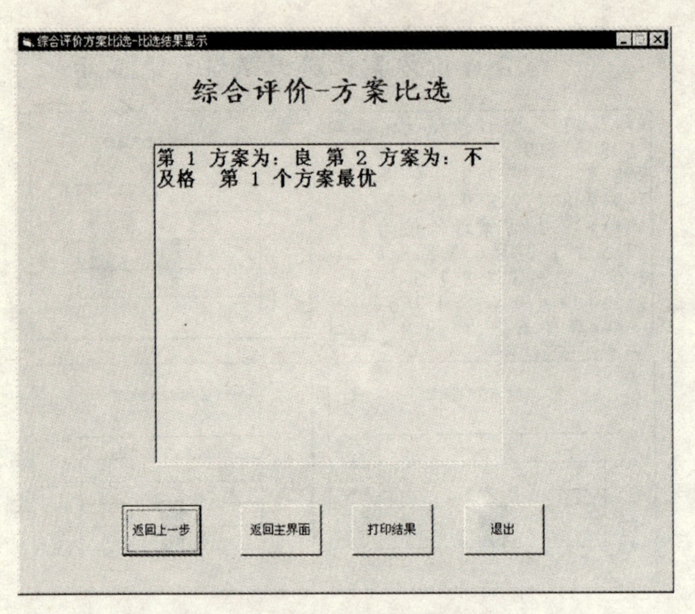

图 9-8 显示最后评价结果示意图

权重及评价值表 **表 9-1**

基本指标层	权重	示范新住区得分	老住区得分	基本指标层	权重	示范新住区得分	老住区得分
D_1	0.022	5	7	D_{18}	0.024	7	9
D_2	0.051	8	5	D_{19}	0.036	8	8
D_3	0.026	5	1	D_{20}	0.039	6	1
D_4	0.031	7	1	D_{21}	0.049	9	5
D_5	0.040	9	2	D_{22}	0.028	7	6
D_6	0.035	9	5	D_{23}	0.038	9	5
D_7	0.053	8	6	D_{24}	0.041	7	1
D_8	0.032	7	3	D_{25}	0.038	9	3
D_9	0.025	9	8	D_{26}	0.051	9	4
D_{10}	0.023	8	8	D_{27}	0.035	8	3
D_{11}	0.019	9	6	D_{28}	0.032	9	6
D_{12}	0.009	8	9	D_{29}	0.018	9	7
D_{13}	0.017	8	6	D_{30}	0.019	8	6
D_{14}	0.030	7	7	D_{31}	0.018	9	5
D_{15}	0.024	7	5	D_{32}	0.012	8	4
D_{16}	0.019	3	3	D_{33}	0.014	9	7
D_{17}	0.051	5	3	D_{34}	0.009	7	5

我们使用绿色住区综合评价程序上机运算比较后，其结果如表 9-2 所示。

综合评价运算结果 **表 9-2**

名　称	离理想点离差	离最差点离差	相对接近度
示范新住区	$L_2(1)=0.1734$	$L_{20}(1)=0.5207$	$L(1)=0.7502$
老住区	$L_2(2)=0.4117$	$L_{20}(2)=0.3115$	$L(2)=0.4307$
理想点	$L_2(3)=0$	$L_{20}(3)=0.6293$	$L(3)=1$
最差点	$L_2(4)=0.6293$	$L_{20}(4)=0$	$L(4)=0$

我们将相对接近度乘以 100，可化成百分制记分标准。由于理想点是假设点，每一指标必须都为优，是不可能实现的，而只能尽量靠近。所以在程序运行中，我们设定优、良、中、及格、不及格五个等级标准分别为 85 分，75 分，65 分，55 分，55 分以下，最后评定结果为：示范新住区方案得分为 75.02 分，属“良”，老住区方案得分为 43.07 分，属“不及格”。

我们可以看出，示范新住区的综合评价结果明显优于老住区，以绿色住区标准为指导的新住区规划设计比原生的“绿色住区”有明显的优势。当然，在使用若干年后，我们还可以对示范新住区进行一次综合评价，吸取居住者的意见和实际使用过程中测量和计算出的数据，其结果会更加客观真实，充分显示绿色示范新住区应有的优势。

我们将数据代入前面叙述过的灰色聚类综合评价方法、基于物元分析聚类原理的综合评价方法以及关联分析综合评价方法等程序，亦得到同样评价结果。这些评价结果和有关专家群体评价的结论完全一致，也充分证明了本课题研究内容与方法的科学性、严密性与先进性。

附：枣园绿色住区示范点规划平面图，枣园绿色住区示范点窑居建筑改造模式图，枣园绿色住区示范点环境配置图，枣园绿色住区示范点利用坡地组织居住生活示意图（见图 9-9～图 9-12）（引自报告 06：枣园绿色住区示范点建设报告）。

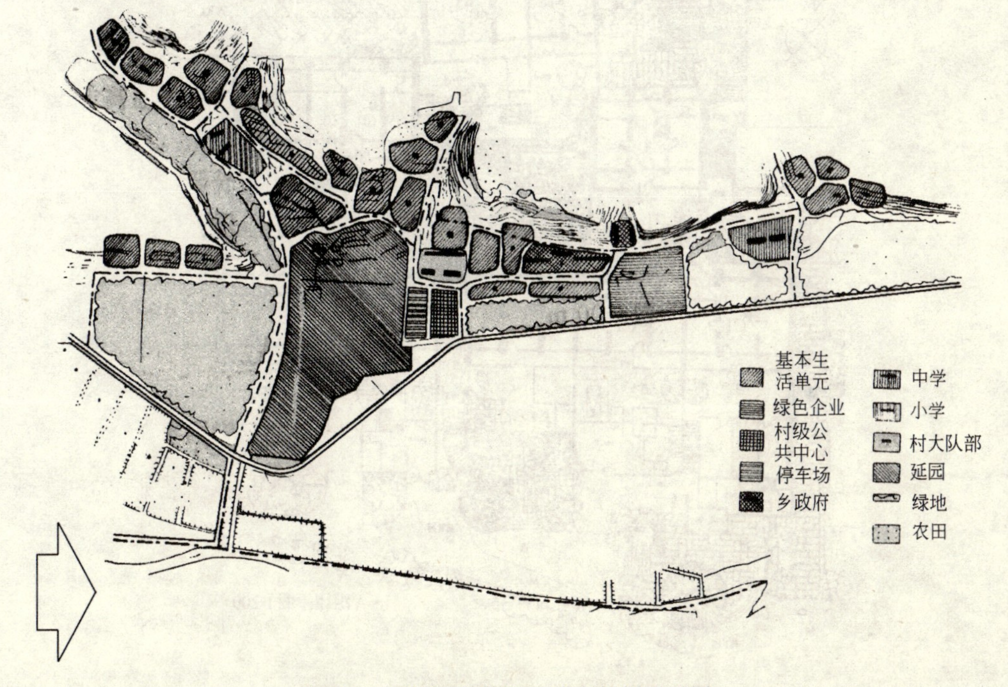

图 9-9　枣园绿色住区示范点规划平面图

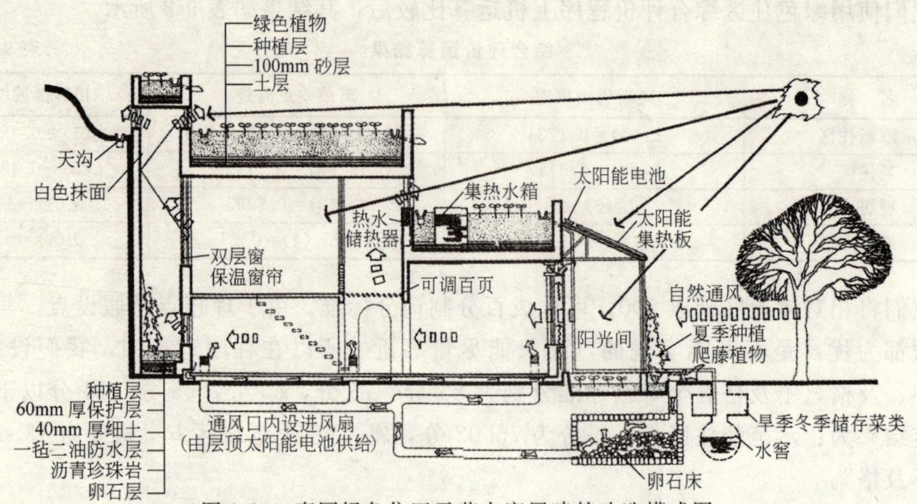

图 9-10 枣园绿色住区示范点窑居建筑改造模式图

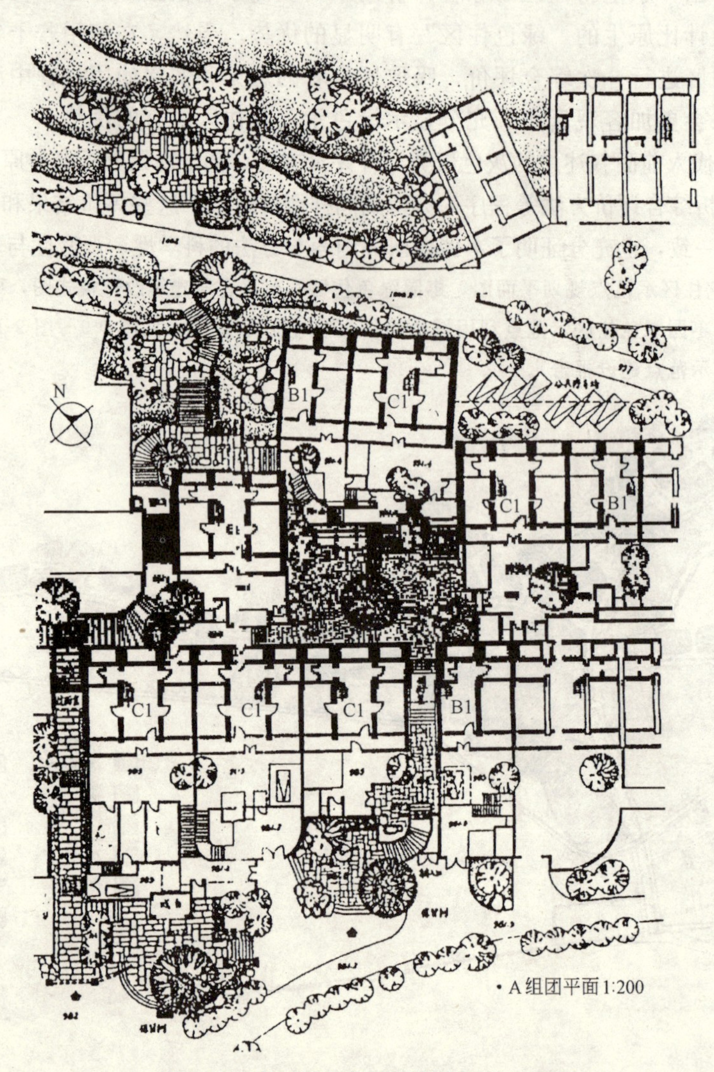

图 9-11 枣园绿色住区示范点环境配置图

利用坡地组织居住生活

图 9-12 枣园绿色住区示范点利用坡地组织居住生活示意图

9.3 绿色住区综合评价软件包的使用方法

9.3.1 绿色住区综合评价程序使用方法

首先用任意文本编辑器（如在本软件所在光盘内附带的“EDIT. COM 程序”或使用“写字版”等）制作数据文件，取名为 XXX. DAT（XXX 为用户自定文件名，但要注意不管用哪种文本编辑器制作数据文件，其文件后缀必须为“. dat”（下同）。其数据输入次序为：先依次输入第一个方案对应于各指标的评价值，然后再依次输入第二个方案对应于各指标的评价值……，输完各方案的评价值（如为只评价一个方案，仅需输入该待评方案对应于各指标的评价值）后，再依次输入各指标的理想点值，接着再依次输入各指标的最差点值，最后依次输入各指标的权重值。数据文件制作完毕后，即可调用本程序，运行后的人机对话可参见本书第 9 章 9.2 节，通过程序运行计算后，可得到各个方案到理想点的相对接近度的数值，最后还要回答五级记分（优、良、中、及格、不及格）A，B，C，D，E 的上限值，则可得到更直观的评价结果。

9.3.2 层次分析法（AHP）计算程序使用方法

AHP 的基本计算问题是计算判断矩阵的最大特征根 $\lambda_{\max}$ 和相应的特征向量 W。设判断矩阵为：

$$\begin{bmatrix} A & B_1 & B_2 & \cdots & B_n \\ B_1 & b_{11} & b_{12} & \cdots & b_{1n} \\ B_2 & b_{21} & b_{22} & \cdots & b_{2n} \\ \cdots & \cdots & \cdots & \cdots & \cdots \\ B_n & b_{n1} & b_{n2} & \cdots & b_{nn} \end{bmatrix}$$

该判断矩阵表示 A 因素与下一层次因素 B_1 B_2 $\cdots B_n$ 之间有联系。在此，要对 B_1，B_2，…，B_n这几个因素之间相对重要性进行比较，由此确定了 $n\times n$ 阶的判断矩阵 $B=(b_{ij})$。

为了测试判断的一致性，我们引入度量判断矩阵偏离一致性指标 $CI=\frac{\lambda_{max}-n}{n-1}$ 来检查决策者判断思维的一致性。

一般说来，决策者判断一致性的难度是随着判断矩阵的阶数的增加而增大的。故引入判断矩阵的平均随机一致性指标 RI 值，对于 1～10 阶 RI 的值可列成表 9-3：

平均随机一致性指标 *RI* 值表 **表 9-3**

阶数 n	1	2	3	4	5	6	7	8	9	10
RI	0	0	0.58	0.90	1.12	1.24	1.32	1.41	1.45	1.49

记随机一致性比率为 CR，则

$$CR=\frac{CI}{RI}$$

当 $CR<0.10$ 时，一般认为判断矩阵具有满意的一致性，否则就需调整判断矩阵，使之具有满意的一致性。

先制作数据文件 xxx. dat，xxx 为数据文件名由使用者自定，数据输入顺序为判断矩阵数据按行输入，然后调用本程序，一开始输入数据文件名，以链接数据文件，再按要求输入判断矩阵阶数 N 以及根据阶数输入 RI 的值，即可进行下一步的分析计算，即得出层次单排序结果。

这里要说明的是，原本矩阵阶数 $N=2$ 时，对应的 RI 数值应为 0，但在应用计算机程序时易出现问题，故我们在使用时可将其改为小数字 0.01。

举例：设因素 B_1，B_2，B_3 对上一层次因素 A 而言，两两比较其相对重要性后，构造判断矩阵为：

$$B=\begin{bmatrix} 1 & 3 & 6 \\ \frac{1}{3} & 1 & 4 \\ \frac{1}{6} & \frac{1}{4} & 1 \end{bmatrix}$$

则制作数据文件时，数据输入顺序应为：1，3，6，0.3333，1，4，0.1667，0.25，1（注：凡是“分数”均必须化为小数）。然后运行本程序，调用已制作好的数据文件后，通过键盘输入 $N=3$，$RI=0.58$。

则计算结果为：$W_1=0.645$，$W_2=0.271$，$W_3=0.084$；另外，因计算出的 $CR<0.10$（如为这样情况，屏幕上不出现任何提示，否则会提示“需要调整判断矩阵”），亦即上述判断矩阵具有满意的一致性。

9.3.3 组合权重程序使用说明

本程序为和层次分析法计算程序配套的一个程序。计算同一层次所有因素对一最高层（总目标）相对重要性的排序权重，称为层次的组合权重，这一过程是从上往下逐层进行的。假设上一层次 A 包含 m 个因素 A_1，A_2，…，A_m，其层次总排序权重为 a_1，a_2，…，a_m，下一层次 B 包含 n 个因素 B_1，B_2，…，B_n，对于因素 A_j 的单排序权重分别为 b_{1j}，b_{2j}，…，b_{nj}，（当 B_k 与 A_j 无联系时，$b_{kj}=0$），这时 B 层次的组合权重，由下式计算

(见表 9-4)：

$$b_k = \sum_{j=1}^{m} a_j \cdot b_{kj}$$

组合权重计算原理表　　表 9-4

层次 A / A 层权重 / 层次 B	A_1	A_2	…	A_m	B 层次组合权重
	a_1	a_2	…	a_m	
B_1	b_{11}	b_{12}	…	b_{1m}	$\sum_{j=1}^{m} a_j \cdot b_{1j}$
B_2	b_{21}	b_{22}	…	b_{2m}	$\sum_{j=1}^{m} a_j \cdot b_{2j}$
⋮	⋮	⋮	⋮	⋮	⋮
B_n	b_{n1}	b_{n2}	…	b_{nm}	$\sum_{j=1}^{m} a_j \cdot b_{nj}$

用任意文本编辑器制作数据文件 xxx. dat 文件，xxx 为数据文件名，由用户自定。数据输入顺序为先输入 a_1，a_2，……，a_m，再继续输入 b_{11}，b_{12}，……，b_{1m}，b_{21}，……b_{nm}。数据间用逗号隔开，存储后调用本程序，在要求输入数据文件处输入数据文件名，即可与数据文件链接，确定后按提示输入上层列数 M 和行数 N，即可得到计算结果（即本层次相对于总目标的组合权重值)(见表 9-5)。

举例：

组合权重计算示例表　　表 9-5

层次 A / A 层权重 / 层次 B	A_1	A_2	A_3	B 层次组合权重
	0.105	0.637	0.258	
B_1	0.491	0	0.406	0.1563
B_2	0.232	0.055	0.406	0.1642
B_3	0.092	0.564	0.094	0.3932
B_4	0.138	0.118	0.094	0.1139
B_5	0.046	0.263	0	0.1724

在本例中，输入 $M=3$，$N=5$，最后，屏幕上显示：组合权重如下：$P(1)=0.1563$，$P(2)=0.1642$，$P(3)=0.3932$，$P(4)=0.1139$，$P(5)=0.1724$。

9.3.4 动态聚类分析程序使用方法

设样品数为 M，指标数为 N，在计算机内使用 X（M，N）数组存放待聚类样品的原始数据，用任意文本编辑器制作数据文件 xxx. dat 文件，xxx 为数据文件名，由用户自定。数据输入顺序为按行先后输入各个样品的指标值，即 X（1，1），X（1，2），…，X

(1，N)，X（2，1），X（2，2），…，X（2，N），…，X（M，N），原始数据输完后，输入M个整数，顺序表示各个样品作为欲形成类代表的情况。如果第I个整数为A，则表示第I个样品为第A个欲形成类的代表；如果第I个整数为0，则表示第I个样品不作为任何欲形成类的代表。

在本书前面的章节中，已介绍过动态聚类分析的基本原理，其中叙述了凝聚点的选择：凝聚点就是一批有代表性的点，是欲形成类的中心。凝聚点的选择有多种方法，我们使用的程序选用了下列两种方法：

(1) 在欲形成类的每一类中选择一个有代表性的样品作为凝聚点。

(2) 形成类的每一类中选择一部分有代表性的样品或全部样品，计算所选择样品各个指标的均值，将这些均值作为凝聚点。

凝聚点的选择要凭人们的经验及专业知识去处理。

如果用第一种方法选择凝聚点，则对于每一个欲形成类，应有一个整数等于该类序号；如果用第二种方法选择凝聚点，则对于每一个欲形成类，应有一个以上的整数同时等于该类序号。

使用本程序时，两种凝聚点的选择方法可以掺杂使用，即对某一个欲形成类可选一个有代表性的样品，对另一个欲形成类可选多个有代表性的样品。例如，有7个待聚类样品，如挑选第1和第5个样品分别作为两类的代表，则在原始数据输完后，紧接着输入1，0，0，0，2，0，0；如挑选第1，2个样品和第3，4个样品及第5，6，7个样品分别作为三类的代表，可换为输入1，1，2，2，3，3，3。当然，凝聚点的选择不同，计算结果也不尽相同。

在制作好数据文件后，即可运行本程序。在回答数据文件名后，需输入样品数M及评价指标数N的数值，即可得到直观的动态聚类结果。

举例：某地有7个自然村，用4个指标来进行区划。其指标矩阵为：

$$\begin{bmatrix} 5.42 & 8.2 & 0.20 & 0.234 \\ 5.47 & 9.4 & 0.13 & 0.297 \\ 5.54 & 9.9 & 0.15 & 0.233 \\ 5.09 & 8.5 & 0.09 & 0.219 \\ 5.09 & 9.1 & 0.20 & 0.207 \\ 5.10 & 7.6 & 0.18 & 0.195 \\ 5.22 & 7.3 & 0.13 & 0.219 \end{bmatrix}$$

如用户根据社会经济状况，认为该地分成两区为宜，且应以自然村1、自然村5分别为两区的典型代表（即“凝聚点”）。

制作数据文件时，先将原始数据按行输入，即5.42，8.2，0.20，0.234，5.47，9.4，…，5.22，7.3，0.13，0.219，然后紧接着输入1，0，0，0，2，0，0。在制作好数据文件后，即可运行本程序。在要求输入数据文件处输入数据文件名，即可与数据文件链接，在从键盘上输入样品数M=7及评价指标数N=4数值，计算结果为：

$$G(1) = 1\ 4\ 6\ 7$$

$$G(2) = 2\ 3\ 5$$

如在本例中，改将自然村1、自然村4分别作为两区的典型代表，则制作数据文件时，可在原始数据按行输入后，紧接着输入 1，0，0，2，0，0，0。其他步骤同前，则计算结果为：

$$G(1)=1\ 6\ 7$$
$$G(2)=2\ 3\ 4\ 5$$

如挑选第 1，2 个样品和第 3，4 个样品及第 5，6，7 个样品分别作为三类的代表，可在原始数据按行输入后，紧接着换为输入 1，1，2，2，3，3，3。其他步骤同前，则计算结果为：

$$G(1)=1\ 4$$
$$G(2)=2\ 3\ 5$$
$$G(3)=6\ 7$$

9.3.5 模糊综合评价程序的使用方法

模糊综合评价方法是以模糊数学为基础，应用模糊关系合成的原理，将一些边界不清、不易定量的因素定量化，进行综合评价的一种方法。

（1）确定评价对象的因素集

因素集是指影响评价对象的各种因素所组成的一个普通集合，常用 U 表示：

$$U=(u_1,\ u_2,\ \cdots,\ u_m)$$

式中，u_i（$i=1,\ 2,\ \cdots,\ m$）代表各影响因素。

（2）确定评价集

评价集是评价者对评价对象可能做出的各种评价结果所组成的一个普通集合，常用 V 表示

$$V=(v_1,\ v_2,\ \cdots,\ v_n)$$

式中，v_j（$j=1,\ 2,\ \cdots,\ n$）代表各种可能的评价结果。

（3）进行单因素评判

对因素集的各单因素的评价是一种模糊映射。由于不同评价者对单因素的评价结果不同，因此描述评价的结果只能用对 u_i 做出 v_j 评价的可能性大小来表示，这种可能的程度称为隶属度，记作：

$$r_{ij},\quad 0\leqslant r_{ij}\leqslant 1$$

因此，对第 i 个因素 u_i 进行评价，有一个相应的隶属度向量

$$R_i=(r_{i1},\ r_{i2},\ \cdots,\ r_{in})\quad i=1,\ 2,\ \cdots,\ m$$

联合单因素，整个评价因素集内各因素相应的隶属度向量可记为矩阵形式，模糊矩阵 R 称为单因素评判矩阵。

$$R=\begin{bmatrix} r_{11} & r_{12} & \cdots & r_{1n} \\ r_{21} & r_{22} & \cdots & r_{2n} \\ \cdots & \cdots & \cdots & \cdots \\ r_{m1} & r_{m2} & \cdots & r_{mn} \end{bmatrix}$$

式中，r_{ij} 为因素集中，第 i 个因素 u_i 对评价集中第 j 个元素 v_j 的隶属度。

如已确定了各因素权重（使用 AHP 方法等求得），并设对因素的权分配为评价集 V

上的模糊子集 A，记为：$A=(a_1, a_2, \cdots, a_m)$，其中 $\sum_{i=1}^{m} a_i = 1, 0 \leqslant a_i \leqslant 1$。

(4) 综合评判

根据模糊变换原理有

$$B=A \cdot R=(a_1, a_2, \cdots, a_m)=\begin{bmatrix} r_{11} & r_{12} & \cdots & r_{1n} \\ r_{21} & r_{22} & \cdots & r_{2n} \\ \cdots & \cdots & \cdots & \cdots \\ r_{m1} & r_{m2} & \cdots & r_{mn} \end{bmatrix}=(b_1, b_2, \cdots b_n)$$

其中 B 表示评价集上各种评价的可能性系数，如果只选择一种评价结果，则可按最大原则选择最大的 b_j 所对应的 V_j 作为评价结果。

式中，b_j $(j=1, 2, \cdots, n)$ 是考虑全部因素的影响时，评价对象对评价集中第 j 个元素的隶属度。

(5) 模糊算子类型的讨论

为使模糊集合适合于各种不同的模糊现象，人们相继提出了不少模糊算子。下面列举四种最常见的算子：

主因素决定型　　$M(\wedge, \vee)$

$$b_j = \bigvee_{i=1}^{m} (a_i \wedge r_{ij}) \qquad (j = 1,2,\cdots,n)$$

主因素突出型　　$M(?, \vee)$

$$b_j = \bigvee_{i=1}^{m} (a_i, r_{ij}) \qquad (j = 1,2,\cdots,n)$$

不均衡平均型　　$M(\wedge, \oplus)$

$$b_j = \min\left\{1, \sum_{j=1}^{m} (a_i \wedge r_{ij})\right\} \qquad (j = 1,2,\cdots,n)$$

加权平均型　　$M(?, \oplus)$

$$b_j = \min\left\{1, \sum_{i=1}^{m} (a_i, r_{ij})\right\} \qquad (j = 1,2,\cdots,n)$$

主因素决定型计算结果是由权重最大的因素来确定的，其他因素对结果的影响不大，比较适用于单项指标最优就算综合最优的情况；主因素突出型和不均衡平均型计算就要细腻一些，除了突出主因素，还兼顾了其他因素，适用于主因素决定型失败（不可区别），需要加细的情况；加权平均型对所有指标依权重大小均衡兼顾，适用于整体指标情况。

在模糊综合评价方法中，有时还可以采取多级综合评价模型：

(1) 把因素集 U 按某种属性分成 S 个子集

$$U=(u_1, u_2, \cdots, u_s)$$

设　　每个子集 $u_i=(u_{i1}, u_{i2}, \cdots, u_{im})$　　$(i=1, 2, \cdots, s)$

(2) 对于每一个 u_i 按一级模型分别进行综合评价。

设　　评价集 $V=(v_1, v_2, \cdots, v_n)$

u_i 中各因素的权重分配为

$$A_i=(a_{i1}, a_{i2}, \cdots, a_{im})$$

设 u_i 的单因素评价矩阵为 R_i，则第一级综合评价为：

$$B_i=A_i \cdot R_i=(b_{i1}, b_{i2}, \cdots, b_{im}) \quad (i=1, 2, \cdots, s)$$

(3) 将每个 u_i 作为一个元素看待，用 B_i 作为它的单因素评价，即

$U=\{u_1, u_2, \cdots, u_s\}$ 的单因素评价矩阵为：

$$R=\begin{bmatrix} B_1 \\ B_2 \\ \vdots \\ B_s \end{bmatrix}=(b_{ij})_{s\times n}$$

每个 u_i 作为 U 的一部分，反映的是 U 的某种属性，这样就可以按它们的重要性给出权重分配：

$$A=(a_1, a_2, \cdots, a_s)$$

第二级综合评价模型为：

$$B=A \cdot R=A \cdot \begin{bmatrix} a_1 \cdot R_1 \\ a_2 \cdot R_2 \\ \vdots \\ a_s \cdot R_s \end{bmatrix}$$

如果第一步划分中得到的 $\{u_1, u_2, \cdots, u_s\}$ 仍含有较多的因素，可继续划分，得到三级或更高级模型，其算法同前。用任意文本编辑器制作数据文件 xxx.dat 文件，xxx 为数据文件名，由用户自定。数据输入顺序为按行输入模糊关系矩阵 $\begin{bmatrix} r_{11} & r_{12} & \cdots & r_{1n} \\ r_{21} & r_{22} & \cdots & r_{2n} \\ \cdots & \cdots & \cdots & \cdots \\ r_{m1} & r_{m2} & \cdots & r_{mn} \end{bmatrix}$ 的数据，然后，输入各评价指标的相对重要性权重值 a_1，a_2，…，a_m。在制作好数据文件后，即可运行本程序。在回答数据文件名后，再回答评价指标的个数 M 及评价集中各种评价结果的个数 N 的数值，接着再输入定义评价等级的分数值，即可得到直观的评价结果。

举例：设有模糊关系矩阵

$$R=\begin{bmatrix} 0.6 & 0.2 & 0.2 & 0 \\ 0.4 & 0.3 & 0.2 & 0.1 \\ 0.5 & 0.3 & 0.2 & 0 \\ 0.2 & 0.3 & 0.3 & 0.2 \end{bmatrix}$$

四个因素相对重要性权重

$$A=(0.3, 0.4, 0.2, 0.1)$$

程序使用方法为：在制作数据文件时，本例的数据输入顺序应为：0.6，0.2，0.2，0，0.4，0.3，0.2，0.1，0.5，0.3，0.2，0，0.2，0.3，0.3，0.2，0.3，0.4，0.2，

0.1。然后运行本程序，调用已制作好的数据文件后，通过键盘输入指标的个数 $M=4$，评价集中各种评价结果的个数 $N=4$，则屏幕显示出综合评价结果：$B=(0.4，0.3，0.2，0.1)$。为了使评价结果更加直观，可以把综合评价结果用分值表示，本程序要求用户自己定义评价等级的得分标准。例如在本例中，我们把评价等级的得分标准定义为（4，3，2，1）分，那么总分 $W=(0.4，0.3，0.2，0.1)\begin{bmatrix}4\\3\\2\\1\end{bmatrix}=3$（分）。

参考文献

[1] 吴良镛．人居环境科学导论［M］．北京：中国建筑工业出版社，2001.10

[2] 吴良镛．北京旧城与菊儿胡同［M］．北京：中国建筑工业出版社，1994.07

[3] 周若祁等．绿色建筑［M］．北京：中国计划出版社，1999.6

[4] ［美］Public Technology Inc. Green Building Council．绿色建筑技术手册［M］北京：中国建筑工业出版社，1999.6

[5] 卢有杰．建设系统工程［M］．北京：清华大学出版社，1997.2

[6] 陆雍森．环境评价［M］．上海：同济大学出版社，1999.9

[7] 王国泉，霍新民等．计算机辅助建筑设计［M］．北京：中国建筑工业出版社，1989.1

[8] 刘先觉．现代建筑理论［M］．北京：中国建筑工业出版社，1999.9

[9] 张钦楠．建筑设计方法学［M］．西安：陕西科学技术出版社，1995.12

[10] 戚昌志．设计学［M］．北京：中国建筑工业出版社，1991.3

[11] 夏云等．生态与可持续建筑［M］，北京：中国建筑工业出版社，2001.6

[12] 绿色建筑评价标准，GB/T 50378—2006，2006.3

[13] 李敏．城市绿地系统与人居环境建设［M］．北京：中国建筑工业出版社，1999.8

[14] 胡永宏，贺思辉．综合评价方法［M］．北京：科学出版社，2000.10

[15] 凌亢．中国城市可持续发展评价理论与实践［M］．北京：中国财经经济出版社，2000.12

[16]《可持续发展指标体系》课题组．中国城市环境可持续发展指标体系研究手册［M］．北京：中国环境科学出版社，1999.6

[17] 布莱恩·爱德华兹，可持续性建筑［M］．北京：中国建筑工业出版社，2003.6

[18] 金磊．城市灾害学原理［M］．北京：气象出版社，1997.12

[19] 张利．从CAAD到Cyberspace——信息时代的建筑与建筑设计［M］．南京：东南大学出版社，2002.1

[20] 邓聚龙．灰色预测与决策［M］．武汉：华中理工大学出版社，1986.8

[21] 高燕云．研究与开发评价［M］．西安：陕西科学技术出版社，1996.10

[22] 戴天兴．城市环境生态学［M］．北京：中国建材工业出版社，2002.7

[23] 蔡文．物元分析［M］．广州：广东高等教育出版社，1987.4

[24] 曾珍香，顾培亮．可持续发展的系统分析与评价［M］．北京：科学出版社，2000.10

[25] 李忠尚主编．现代软科学［M］．北京：人民出版社，1991.5

[26] 李启明，聂筑梅．现代房地产绿色开发与评价［M］．南京：江苏科学技术出版社，2003.3

[27] 绿色奥运建筑课题组．绿色奥运建筑评估体系［M］．北京：中国建筑工业出版社，2003.8

[28] 林宪德等（中国台湾）．绿建筑解说与评估手册［M］，2001.9

[29] 许树柏．实用决策方法——层次分析法［M］．天津：天津大学出版社，1988.5

[30] 孙文爽等．多元统计分析［M］．北京：高等教育出版社，1994.3

[31] 李岳岩，周若祁，等．黄土高原绿色建筑体系框架——“黄土高原绿色建筑体系与基本聚居单位模式研究”中的子项目01［R］，2001.4

[32] 王竹，刘加平，周若祁，等．黄土高原绿色窑居住区机理与适宜性模式研究——“黄土高原

绿色建筑体系与基本聚居单位模式研究”子项目05 [R]，2001.4
[33] 刘启波，刘士铎等. 绿色住区综合评价的研究——“黄土高原绿色建筑体系与基本聚居单位住区模式研究”子项目09 [R]，2001.4
[34] 王竹. 黄土高原绿色住区模式研究构想 [J]. 建筑学报，1997 (7)
[35] 刘滨谊. 人聚环境资源评价普查理论与技术研究方法论 [J]. 城市规划汇刊，1997 (2)
[36] 建设部住宅产业化促进中心. 绿色生态住宅小区建设要点与技术导则 [J]. 住宅科技，2001 (6)
[37] 甄兰平，邰惠鑫. 面向全寿命周期的节能建筑设计方法研究 [J]. 建筑学报，2003 (3)
[38] 贾倍思. 可持续发展观念对当代建筑思潮的批判——历史建筑与文化名城价值的重估 [J]. 建筑师 (88)，1999.6
[39] 鲍家声. 可持续发展与建筑的未来——走进建筑思维的一个新区 [J]. 建筑学报，1997 (10)
[40] 竹隰生，任宏. 可持续发展与绿色施工 [J]. 基建优化，2002 (4)
[41] 李路明等. “绿色建筑挑战”运动引介 [J]. 新建筑，2003 (1)
[42] 刘煜等. 国际绿色生态建筑评价方法介绍与分析 [J]. 建筑学报，2003 (3)
[43] 元炯亮. 生态工业园区评价指标体系研究 [J]. 环境保护，2003 (3)
[44] 聂梅生，王琳. 中国绿色生态住宅小区水环境技术评估体系. 国际生态环保网 PUPLIC@21CECO.COM，2003.3.10
[45] 广州市城市规划局城市规划编制研究中心，陈勇. 澳大利亚哈利法克斯生态城开发模式及规划——生态开发原则. 国际生态环保网 PUPLIC@21CECO.COM，2002.12.10
[46] 宋德萱. 建筑自然通风设计导则初探 [J]. 21世纪建筑新技术论丛，2000.7
[47] 邓俊. 城市生活垃圾循环管理模式 [J]. 建设科技，2005 (5)
[48] 王少南. 居室环境空气质量与绿色装饰材料 [J]. 中国建筑装饰，2001 (5)
[49] 黄光宇，陈勇. 论城市生态化与生态城市 [J]. 城市环境与城市生态，1999 (6)
[50] 吴名. 城市环境保护投人的定义. 国际生态环保网 PUPLIC@21CECO.COM，2003.3.31
[51] 杨翠红，陈锡康. 综合环境费用的概念与计算方法研究 [J]. 系统工程理论与实践，2001 (6)
[52] 生态系统服务功能价值的评价方法. 国际生态环保网 PUPLIC@21CECO.COM，2003.3.12
[53] 祁斌. 生态型居住小区的理论与实践 [J]. 住区，2001 (1)
[54] 杨士萱. 建筑内部空间环境与人类生活 [J]. 建筑学报，2000 (1)
[55] 袁旭东，甘文霞. 室内热舒适性的评价方法 [J]. 湖北大学学报（自然科学版），2001 (2)
[56] 辛艺峰. 居住建筑室内装饰装修中不容忽视的几个科学问题 [J]. 中国建筑装饰装修，2002 (9)
[57] 王少南. 居室环境空气质量与绿色装饰材料 [J]. 中国建筑装饰，2001 (5)
[58] 周畅. 对地方传统建筑文化的再认识 [J]. 建筑学报，2000 (1)
[59] 向欣然. 趋同与求异——关于城市建筑特色的思考 [J]. 建筑学报，1997 (10)
[60] 孔俊婷. 关于居住区景观规划设计的思索 [J]. EBRA论文集，天津：百花文艺出版社，2004.10
[61] 詹可生等. 借助微机评价住宅区设计的研究 [J]. 新建筑，1985 (2)
[62] 杨茂盛. 利用多层次分析法对住宅建筑技术经济效果的评价及优选 [J]. 基建优化，1986 (6)
[63] 黄已力. 公用建筑设计方案评价系统 [J]. 新建筑，1990 (4)
[64] 刘士铎. ELECTRE多因素决策方法及程序在建筑方案选优中的应用 [J]. 基建优化，1989 (6)
[65] 刘士铎，王岳. 居住小区综合评价的AHP模型 [J]. 西北建筑工程学院学报，1995 (2)
[66] 袁媛. 居住区规划设计综合评价体系 [J]. 基建优化，2000 (4)

[67] 王兆强. 生态序——系统主从律 [J]. 系统工程理论与实践，1991 (3)
[68] 周若祁. 走向可持续性建筑 [J]. 建筑师 (82)，1998. 6
[69] 刘启波，周若祁. 论绿色住区建设中的地域性评价 [J]. 建筑师，2003 (101)
[70] 刘启波，刘士铎. 改进的 Topsis 方法在绿色建筑综合评价中的应用 [J]. 基建优化，2001 (5)
[71] 刘启波，蒲济生. 灰色聚类综合评价方法在住宅建筑方案选优中的应用 [J]. 基建优化，2002 (3)
[72] 刘启波，蒲济生. 关联分析方法在建筑设计方案选优中的应用 [J]. 基建优化，2002 (4)
[73] 刘启波，周若祁. 绿色住区综合评价指标体系的研究 [J]. 新建筑，2003 (1)
[74] 刘启波，刘士铎. 基本建设优化学与绿色建筑 [J]. 基建优化，2003 (5)
[75] 刘启波，周若祁. 生态环境条件约束下的窑居住区居住模式更新 [J]. 环境保护，2003 (3)
[76] 刘启波. 西部环境资源条件约束下的绿色住区规划设计 [J]. 西北建筑工程学院学报，2001 (4)
[77] 刘启波，周若祁. 绿色建筑设计概念下住区空间环境质量综合评价的研究，EBRA (环境行为研究国际研讨会) 论文集，天津：百花文艺出版社，2004. 10
[78] James Wines. GREEN ARCHITECTURE [M]. www. taschen. . com
[79] Raymond Cole & Nils Larsson. GBC 2000 ASSESSMENT MNAUAL [R]. Green Building Challenge 2000
[80] Nils Larsson & Raymond Cole. GBC' 98 : Context, History and Structure [R]. Green Building Challenge 98
[81] Nadege Chatagnon. ESCALE, A Method of Assessing a Building' s Environmental Performance at the Design Stage [R]. Green Building Challenge 98
[82] Chris Hammer. Hennepin County's Sustainable Design Guide and Rating System [R]. Green Building Challenge 98
[83] U. S. Green Building Council. LEED Green Building Rating System™ Version 2. 0 [M], 2000. 3
[84] Michael Ross Jayne and John Mackay, Staffordshire University. Linford Building Limited. UK, BREEAM provides new and growing opportunities for work for building surveyors [J]. Structural Survey, 1999, 1 (17) : 18-21
[85] David Arditi. Hany Mounir Messiha. Life cycle cost analysis (LCCA) in municipal organization [J]. Journal of infrastructure systems, 1999 (Mar): 1-10
[86] Treloar G J , Love P E D, Faniran O O, et al. A hybrid life cycle assessment method for construction [J]. construction Management and Economics, 2000, (18): 5-9
[87] Kamal M, Al-Subhi, Al-Harbi. Application of the AHP in project management [J]. International journal of project management, 2001 (19): 19-27
[88] Cole R. J. Nils Larsson. Green Building Challenge 2002. GBTool User Manual, 2002, 2, h:/ www. greenbuilding. ca
[89] Ivor Richards, T. R. Hamzah & Yeang. ecology of the sky [M]. images Publishing
[90] 岩村和夫等. Sustainable Architecture-A Report from the Forefront. 日本建筑协会，2000，6
[91] 彰国社. SUSTAINABLE DESIGN GUIDE. 日本建筑协会，1996，5